PAUL LEVY
(1876–1943)

JÜDISCHE MINIATUREN
Herausgegeben von Hermann Simon

Band 155 PAUL LEVY

Alle »Jüdische Miniaturen« sind auch im Abonnement beim Verlag erhältlich.

Die Deutsche Nationalbibliothek verzeichnet diese Publikation in der Deutschen Nationalbibliografie; detaillierte Daten sind im Internet über https://portal.dnb.de/ abrufbar.

Inh. Dr. Nora Pester
Wilhelmstraße 118, 10963 Berlin
info@hentrichhentrich.de
http://www.hentrichhentrich.de

Lektorat: Sarah Pohl
Gestaltung: Barbara Nicol
Druck: Winterwork, Borsdorf

1. Auflage 2014

Printed in Germany
ISBN 978-3-95565-065-0

ALFRED GOTTWALDT

PAUL LEVY

INGENIEUR DER HEDSCHASBAHN UND DER REICHSBAHN

HENTRICH & HENTRICH

CENTRUM JUDAICUM

Umschlagabbildung:
Der Maschinenbau-Ingenieur und
Direktor bei der Reichsbahn a. D. Paul Levy in Berlin, um 1938
Foto: Sammlung Familie Stumpf

Die Deutsche Bahn Stiftung und Familienangehörige von Paul Levy ermöglichten die Produktion dieses Buches. Dafür danken ihnen Verfasser, Herausgeber und Verlag.

Inhalt

Einleitung: Deutsche Eisenbahner in der Fremde

Eine lange Zeit ist vergangen, seitdem der deutsch-jüdische Maschinenbauer und Diplom-Ingenieur Paul Levy (1876–1943) in Danzig um das Jahr 1900 den Dienst bei der staatlichen preußischen Eisenbahnverwaltung aufnahm. Mehr als drei Jahrzehnte später musste er ihn im Dezember 1935 als Direktor bei der Reichsbahn in Elberfeld aufgeben. Sein Leben erlosch am 27. Februar 1943 in Auschwitz.

Der Eisenbahner wurde bereits im Jahr 1980 in hebräischer Sprache und 1999 in einem erfolgreichen deutschsprachigen Buch des polnischen Autors Roman Frister erwähnt, das in Form einer Kollektivbiographie die Geschichte der Familie von Paul Levys Großvater Ascher Levy (1815–1897) aus dem pommerschen Städtchen Polzin bis 1945 darstellt. Das Schicksal dieser Levys war über zwei Jahrhunderte hinweg eng mit der Geschichte Deutschlands verwoben.[1] Als Quellen konnte Roman Frister neben vielfältigem Briefwechsel mit Familienangehörigen in Übersee auch zahlreiche Tagebücher, Fotografien und Dokumente aus einem Koffer nutzen, den er auf dem Flohmarkt im israelischen Jaffa gefunden hatte. Das Objekt gehörte zuvor der im Alter von 92 Jahren verstorbenen Lisbeth Levy, geb. Naphtali. Sie war 1938 über

die Schweiz sowie Frankreich in die Vereinigten Staaten geflohen und anschließend nach Israel gekommen. Die »dokumentarische Erzählung« Roman Fristers berichtet exemplarisch über den Aufstieg und die Zerschlagung des deutschen Judentums, zugleich über die Suche nach einem Ort für deutschen Patriotismus und jüdisches Bekenntnis.
Im April 2004 wurde bei einer Ausstellung unter dem Titel »Viermal Leben – Jüdisches Schicksal in Blankenese« des Vereins zur Erforschung der Geschichte der Juden in Blankenese e. V. bei Hamburg, wo Paul Levy vom März 1925 bis zum Herbst 1933 für ein knappes Jahrzehnt gewohnt und gearbeitet hat, sein Lebensweg skizziert.[2]
Inzwischen kann ein genaueres Porträt gezeichnet werden. Paul Levy gehört zu den »20 deutsch-jüdischen Ingenieuren, Erfindern und Fotografen«, auf welche das Deutsche Technikmuseum in den Jahren 2013/14 während einer vom Verfasser mit Kolleginnen und Kollegen bearbeiteten Sonderausstellung unter dem Titel »Orenstein & Loewe« hingewiesen hat. Seitdem wurden weitere Forschungen möglich.
Paul Levy war ein Maschinenbauer, der schon früh dieses jüngere Feld der Eisenbahntechnik neben den traditionellen Fächern von Eisenbahnbau und Eisenbahnarchitektur beackerte. Während seiner Arbeit in Kleinasien stand er bis 1910 im Schatten des Baulei-

ters Heinrich August Meißner-Pascha, dann folgte der Erste Weltkrieg von 1914 bis 1918 mit vielfältigen Hindernissen. Kaum war Paul Levy im Jahr 1930 zum Abteilungsleiter der Reichsbahndirektion Altona ernannt worden, zerstörte Adolf Hitler – nicht nur – diesen Lebensplan. Darum wird es in dieser Miniatur gehen.

Für ihre Hilfe bei der Niederschrift einer Erinnerung an den Ingenieur Paul Levy ist seiner Enkeltochter, Frau Ines Siscoe, sowie Frau Dr. Maria Borgmann, Frau Dr. Susanne Kill, Frau Dr. Beate Meyer, Frau Dr. Nora Pester, Frau Dr. Diana Schulle, Frau Martina Voigt und Frau Dr. Tiziana Zugaro herzlich zu danken. Außerordentlich intensiv hat sich Herr Holger Vietzke mit der Biografie Paul Levys beschäftigt und seine Erkenntnisse zugänglich gemacht.

Ebenso gebührt den Herren Peter Bley, Roman Frister, Dr. Akim Jah, Günter Krause, Dr. Jörg Kuhn, Dierk Lawrenz, Micha Limor, Chen Melling, Uwe Neumärker, Amnon Rimon, Michael Rohrmann, Dr. Walter Rothschild, Dr. Hermann Simon, Walter Ulmann und Manfred Verhoolen besondere Anerkennung für ihre Unterstützung des Projekts.

Berlin, im Oktober 2014 *Alfred Gottwaldt*

Die Jugend Paul Levys in Stettin und Danzig

In der pommerschen Großstadt Stettin (heute Szczecin), an der Odermündung in die Ostsee gelegen, wurde Paul Joseph Levy am 17. November 1876 geboren. Er war der zweite Sohn des jüdischen Kaufmanns Julius Levy (1846–1920) und seiner Frau Therese Rieß (1850–1901), die Röschen Levy genannt wurde. In der Hafenstadt hatten die Eltern nacheinander in der Großen Domstraße 7 sowie in der Kleinen Domstraße 21 ihre Wohnungen gehabt. Der ein Jahr ältere Bruder Rudolf Levy war am 15. Juli 1875 ebenfalls in Stettin zur Welt gekommen und später ein anerkannter Kunstmaler geworden. Er starb Anfang 1944 in Auschwitz; mehr über sein Dasein ist unten in einem eigenen Kapitel dieser Miniatur zu finden.
Die Knaben Rudolf und Paul Levy gingen noch nicht zur Schule, als die kleine Familie von Stettin nach Danzig umzog. Der wohlhabende Vater baute dort sein Geschäft aus und erwarb einige landwirtschaftliche Grundstücke. Ihre Schwester Käthe Levy wurde am 4. Dezember 1879 in Danzig geboren. Zunächst wohnten sie in der Langgasse 66, wie das *Adreßbuch für die Provinzial-Hauptstadt Danzig und deren Vorstädte* von 1888 belegt.
Die Eltern beschlossen ihre Leben in der westpreußischen Großstadt. Das *Neue Adreßbuch für Danzig und*

Julius Levy und seine Frau Therese,
die Eltern von Rudolf, Paul und Käthe Levy, um 1900
Foto: Sammlung Roman Frister

seine Vororte von 1898 nennt Julius Levy – unter vier Trägern seines Nachnamens in der Stadt – als »Getreide-Makler« in der Milchkannengasse 27 auf der Speicherinsel. Die Häuser dieser Straße waren mit denen der benachbarten Judengasse verbunden. Unmittelbar neben dem Haus, das dem Textil-Makler Rudolf Deutschendorf gehörte, befand sich der Speicher »Rhinozeros«.
Danzig mit 125.000 Einwohnern und dem Seehafen lag an der Weichselmündung in die Ostsee. Seit 1891 baute

Die drei Kinder Käthe, Rudolf und Paul Levy in Danzig, um 1882
Foto: Sammlung Roman Frister

Ferdinand Schichau mit 10.000 Mann dort seine großen Schiffe für die Kriegsmarine, die Handels- und Passagierschifffahrt. Nach einer Neuorganisation der Staatsbahnverwaltung von 1895 war Danzig ebenfalls Sitz einer Königlichen Eisenbahndirektion, die aber nur bis zum 10. Januar 1920 bestand. Auch eine große Fahrzeug-Reparaturwerkstätte war am Ort vorhanden. Kurz zuvor war mit dem Versailler Vertrag von 1919 die Freie Stadt Danzig begründet worden, deren Eisenbahnwesen durch Polen verwaltet wurde. Zu Beginn

des Zweiten Weltkriegs bildete man im September 1939 die deutsche Reichsbahndirektion Danzig neu. Sie umfasste die 3.134 Kilometer langen Eisenbahnstrecken in dem damals eingerichteten »Reichsgau Danzig-Westpreußen« und einige preußische Landkreise. Im März 1945 ging sie unter.[3]
Das große, heute noch vorhandene Empfangsgebäude auf dem Danziger Hauptbahnhof war von den Architekten Alexander Rüdell, Paul Thömer sowie George Cuny für die Preußische Staatsbahn im Stil des Historismus entworfen und am 30. Dezember 1900 eröffnet

Der Hauptbahnhof von Danzig, nach einer 1915 abgestempelten Ansichtskarte des Verlags Karl Altmann, Friedenau
Bild: Sammlung Dr. Jörg Kuhn

worden: »Zur Zeit [um jene; A. G.] Jahrhundertwende muß man bei den preußischen Bahnen eine Vorliebe für ein altdeutsch anmutendes Rathaus gehabt haben; die vielen Bahnhöfe mit dem Motiv einer renaissanceverzierten Giebelwand der Vorhalle und einem danebenstehenden Renaissanceturm deuten dies jedenfalls an. Das ›schönste‹ Beispiel dazu könnte wohl Danzig gewesen sein, die ganze Anlage ist gekünstelt malerisch.«[4]

Der Name *Levy* war im Deutschen Reich sehr verbreitet. Er leitet sich von dem israelitischen Stamm der Leviten her, der nach jüdischer Überlieferung vor der zweiten Zerstörung des Tempels in Jerusalem zum Dienst in der Priesterschaft bestimmt gewesen war: »Ein Teil der Familie schrieb sich Levy, ein anderer Lewy. Der biblische Stamm wird jedoch Levi geschrieben. Alle drei Schreibweisen sind verbreitet.«[5] Schon hier ist zu sagen, dass allein in der Reichshauptstadt Berlin, wo Paul Levy zuletzt wohnte, weit über dreihundert Menschen dieses Nachnamens zu Opfern der nationalsozialistischen Judenverfolgung wurden.[6]

In Bad Polzin, einer kleinen Ortschaft in Hinterpommern, war ein starker Zweig der Familie Levy ansässig. Als Holzhändler und Sägewerksbesitzer hatten sie es dort seit 1860 zu großem Ansehen und Vermögen gebracht, die nach 1933 wieder abnahmen. Heute ist

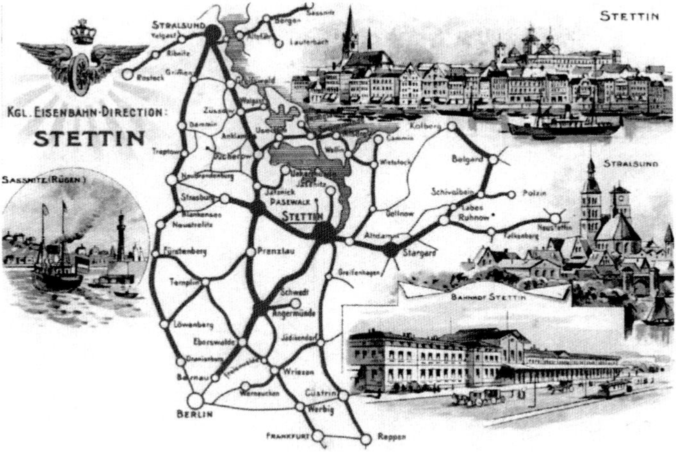

Malerische Darstellung des Gebiets der Kgl. Eisenbahn-Direction Stettin mit Orten wie Belgard, Schivelbein und Polzin, um 1910
Bild: Sammlung Peter Bley

Połczyn-Zdrój eine Kleinstadt in der polnischen Woiwodschaft Westpommern. Sie liegt am Nordhang des Pommerschen Höhenrückens in einer Niederung, durch welche Flüsse mit den längst vergessenen Namen Wugger und Taubenbach fließen. Die Gegend wurde Pommersche Schweiz genannt. Zwischen Polzin und Stettin, der nächsten Großstadt, liegt auf der Landstraße eine Entfernung von reichlich 130 Kilometern.

Im Jahr 1876, als Paul Levy in Stettin geboren wurde, belief sich die Einwohnerzahl Polzins auf 4.500 Menschen. Die Entwicklung des Kurorts mit seinen Moorbädern wurde durch den Anschluss an die Eisenbahnstrecken nach Schivelbein im Jahr 1896 und nach Bärwalde ab 1903 gefördert.[7]
Der Großvater Ascher Levy (geb. 10. Oktober 1815, gest. 3. März 1897) war im Laufe seines Lebens erfolgreicher Besitzer eines *Dampfsägewerks und Holzhandlung en gros* geworden. Mit Lieferungen von Bahnschwellen, Telegraphenmasten oder Bauholz hatte er vom wachsenden Bahnbau profitiert und wurde selbst ein »Eisenbahnjude« genannt, wie man vor allem den Eisenbahnbauer und Spekulanten Bethel Henry Strousberg (1823–1884) bezeichnete.[8]
Julius Levy, der Vater Paul Levys, war der zweite Sohn von Ascher Levy und Fanny Benjamin gewesen. Damit der väterliche Betrieb allein von seinem älteren Bruder Bernhard Levy (geb. 13. Juni 1845, gest. 19. Mai 1920) weitergeführt werden konnte, war Julius nach der Teilnahme am deutsch-französischen Krieg von 1870/71 ausgezahlt worden und aus Polzin weggezogen. Er eröffnete ein Handelsgeschäft und lebte ab 1872 mit seiner Frau Therese und den Kindern in Stettin, etwa seit 1877 in Danzig.
Im Verlauf des Jahres 1899 bestand Paul Levy nach einem acht Semester dauernden Studium des Eisen-

bahn-Maschinenbaufachs seine Hauptprüfung zum Diplom-Ingenieur an einer deutschen Technischen Hochschule, vermutlich in Charlottenburg. Zur selben Zeit wurde der erst am Wintersemester 1904/05 eröffneten Technischen Hochschule in Danzig-Langfuhr ein prächtiger Neubau errichtet.[9] Anschließend unterzog sich Paul Levy als junger Regierungsbauführer (Referendar) auf mehreren Etappen der praktischen Ausbildung im preußischen Eisenbahnwesen. Danach legte er um das Jahr 1903 die staatliche Prüfung zum Regierungsbaumeister (Assessor) ab.

Mit Heinrich August Meißner-Pascha im Orient

Paul Levy war, das ist hier von gewisser Bedeutung, nur sieben Jahre jünger als der in Elberfeld geborene sowie in Aachen studierte Eisenbahn-Bauingenieur und spätere Reichsbahn-Generaldirektor Julius Dorpmüller (1869–1945). Ihre Wege ähnelten sich in manchen Dingen und berührten sich gelegentlich: Beide wollten seit 1905, als die Preußische Staatsbahn nur bescheidene Aufstiegschancen bot, nicht mehr im Deutschen Reich arbeiten, sondern suchten ihr Glück in der Fremde.

Dorpmüller war in China bald mit dem Bau der 1.085 Kilometer langen Staatsbahn Tientsin – Pukow beauftragt. Er kehrte 1917 zurück, nahm auf deutscher Seite noch am Ersten Weltkrieg teil und leitete danach die Reichsbahndirektionen Oppeln und Essen, ehe er 1926 zum Generaldirektor der Deutschen Reichsbahn-Gesellschaft aufstieg. Er hat 1930 die Urkunde über Levys letzte Beförderung zum »Direktor bei der Reichsbahn« unterschrieben. Nur fünf Jahre später vollzog er mit seinem Namenszug aber auch die vorzeitige Versetzung des jüdischen Eisenbahnbeamten in den Ruhestand.[10]

Ähnlich wie der damals schon 35 Jahre alte Julius Dorpmüller und dessen Brüder im ersten Jahrzehnt des vorigen Jahrhunderts zum Bahnbau nach China gingen, zog es den beinahe 30 Jahre alten Paul Levy nach dem Abschluss seiner Lehrzeit bei den Preußischen Staatseisenbahnen aus der heimatlichen Enge hinaus zu einem gewaltigen Bahnbauvorhaben im Nahen Osten, nämlich zur Hedschasbahn (auch Hedjasbahn oder Hedjazbahn) im Osmanischen Reich. Der Bau dieser Strecke wurde von dem deutschen Ingenieur Heinrich August Meißner-Pascha geleitet. Dieser war am 3. Januar 1862 in Leipzig geboren und ist am 14. Januar 1940 in Istanbul gestorben, wo er auf dem protestantischen Ausländerfriedhof in Feriköy begraben liegt.[11]

Schon von 1888 bis 1892 war Meißner im Osmanischen Reich am Bau der Anatolischen Eisenbahn

Izmir–Ankara tätig gewesen. Die türkische Landessprache beherrschte er fließend.
In dem 1940 erschienenen Nachruf seines alten Kollegen Peter Dieckmann (geb. 1866, Todesjahr unbekannt) hieß es im Ton jener Zeit: »Als im [Dezember] 1900 der Sultan Abdülhamid den Bau der Pilgerbahn von Damaskus nach Medina und Mekka begann, wurde Meißner als leitender Ingenieur für den Bau dieser Bahn berufen. Der Bau der Hedjas-

Der Ingenieur Heinrich August Meißner-Pascha, Bauleiter der Hedschasbahn und der Bagdadbahn in Kleinasien
Foto: Sammlung Dr. Jörg Kuhn

bahn wurde seinerzeit von der Fachwelt und in politischen Kreisen mit besonderem Interesse verfolgt, weil die Türkei es hier zum erstenmal unternahm, eine Eisenbahn in eigener Regie zu bauen, noch dazu auf über 1.000 km in der unbewohnten Wüste. Es gelang Meißner, die großen Schwierigkeiten, die damals besonders mit den Arbeiten in der Wüste verbunden waren, zu überwinden und innerhalb acht Jahren das Gleis von Damaskus bis Medina (1300 km) voranzutreiben. Zugleich hatte er auch die Zweigbahn zum Mittelmeer von Deraa (Dar'a) nach Haifa (162 km) durch schwieriges Gelände fertiggebaut. Als besondere Anerkennung für seine Leistungen verlieh der Sultan an Meißner neben hohen Ordensauszeichnungen [am 7. März 1904; A. G.] den Paschatitel.«[12]
Der Bau der Hedschasbahn wurde mit staatlichen Geldern und aus Spenden der Gläubigen bestritten. Das Osmanische Reich mit dem Ministerium für religiöse Stiftungen des Kalifen und Sultans war Heinrich August Meißners Auftraggeber. Er hielt im Deutschen Reich regelmäßig Vorstellungsgespräche mit künftigen Mitarbeitern ab und lernte wohl bei einer solchen Gelegenheit den etwa 15 Jahre jüngeren Paul Levy kennen. Meißners Beschäftigung brachte die guten Beziehungen zwischen dem Reich des Sultans Abdülhamid II. (1842–1918) und dem Kaiserreich Wilhelms II. (1859–1941) zum Ausdruck. Diese verschafften auch

deutschen Lieferanten von Eisenbahnmaterial allerhand Exportaufträge. Der Sultan war seit 1876 an der Regierung und hatte nach 1894 die Massaker an den Armeniern im Land zugelassen, was ihm den Beinamen »der Rote Sultan« eintrug. Am 27. April 1909 zerbrach seine Macht an Rivalitäten innerhalb der Familie.[13]

Beim Bau der Hedschasbahn in Vorderasien

Paul Levy war ein auf seinem Gebiet spezialisierter Maschinenbauer. Er kümmerte sich seit 1905 im Büro der Bau- und Betriebsleitung also weniger um die Errichtung der Strecke für die Hedschasbahn selbst, sondern war vielmehr mit der Konstruktion und der Reparatur ihrer Betriebsmittel sowie mit Fahrzeugbehandlungsanlagen in den Depots und mit einer größeren Betriebswerkstätte in Damaskus befasst.
Levy arbeitete – als Jude wohlgemerkt – im Osmanischen Reich unter Anhängern des Propheten Mohammed. Das war nicht ungewöhnlich. Schon ab 1492 hatte man vertriebene sephardische Juden aus Spanien bis nach Istanbul gerufen, wo ihre Kenntnisse zum Ausbau des Landes dienen sollten. Der Machtbereich des osmanisch-türkischen Staates war eine Region, mit der sich – kurz nach der Geburt Paul Levys – um das Jahr 1880 schon der deutsche Schrift-

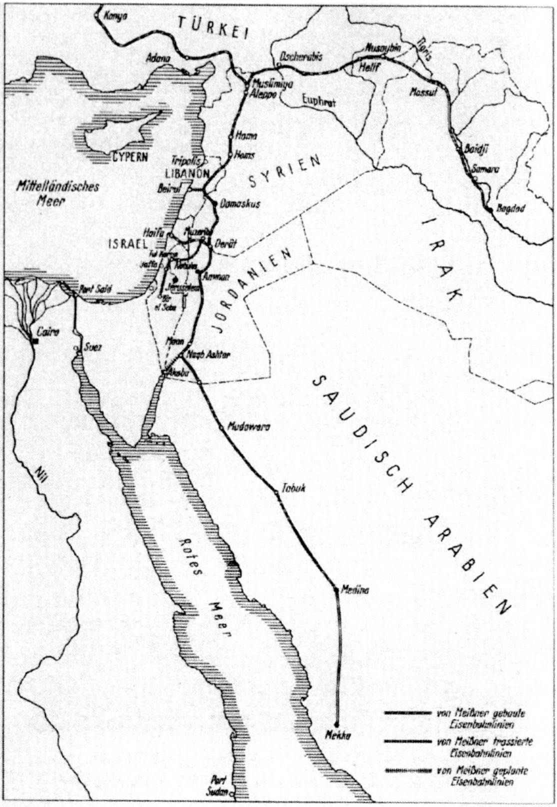

Streckenkarte der von Meißner-Pascha gebauten Bahnlinien mit Schwerpunkt auf der Hedschasbahn Damaskus – Medina
Bild: Herbert Pönicke, Die Hedschas- und Bagdadbahn, S. 44

steller Karl May (1842–1912) als imaginierter Weltreisender unter dem schönen Namen »Kara Ben Nemsi« beschäftigt hatte.[14]
Erschwerend für den Baufortschritt bestand die Regel, dass der Raum südlich von Maan, im heutigen Jordanien, dem letzten größeren Ort vor Medina, von den fremden Ingenieuren, sprich Nichtmuslimen, nicht betreten werden durfte. Man schickte die wenigen osmanischen Mitarbeiter voran. Die Hedschasbahn – das Wort *Hadsch* bedeutet »Pilgerfahrt« – war eine etwa nordsüdlich verlaufende Eisenbahnstrecke von Damaskus im heutigen Syrien bis nach Medina in Saudi-Arabien. Ihre größte verkehrliche Aufgabe lässt sich an Zusatznamen wie »Mekkabahn« oder »heilige Bahn« ablesen. Zugleich umfasst der Begriff inzwischen auch ein Netz mit Zweigen, das ergänzend zu dieser bereits 1.320 Kilometer langen Hauptstrecke entstand. Von Anfang an war eine Verbindung aus Damaskus nach Norden bis in die Hauptstadt Konstantinopel und zur künftigen Bagdadbahn geplant.
Die Hedschasbahn wies wegen der Anpassung an eine bereits zuvor bestehende ältere Bahnlinie zwischen Damaskus und dem nordwestlich gelegenen Beirut die ungewöhnliche Spurweite von 1.050 mm auf. Die ausgedehnte Route nach Medina im Süden selbst verfügte über mehr als 1.500 Brücken und Durchlässe, ferner über zwei Tunnel und eine Vielzahl von

Bahnhöfen mit bemerkenswert gefälligen Empfangsgebäuden im deutschen Stil.
Der Baubeginn dieser türkischen Staatsbahn war bereits zu Anfang des Jahres 1901. Bei diesem mörderischen Projekt waren bald mehr als 9.000 Soldaten zwangsweise eingesetzt, um die Arbeit bewältigen zu können. Eine Zweigstrecke von Deraa (Dar'a) in Syrien zum Mittelmeerhafen Haifa im heutigen Staat Israel wurde im Jahr 1905 begonnen und 1906 eröffnet. Dort befand sich eine Kaianlage, an der Ausrüstungsteile für die Hedschasbahn aus Deutschland entladen wurden. An diesem Ort Deraa wohnte Paul Levy noch zum Zeitpunkt seiner ersten Eheschließung im Frühjahr 1906, wie die Hochzeitsurkunde ausweist.
Am 1. September 1908 konnte die nahezu vollständige Hedschasbahn von Damaskus bis nach Medina in Betrieb genommen werden. Bei einer Reisegeschwindigkeit von 30 km/h dauerte die Fahrt nur noch etwa drei Tage, verglichen mit einer Zeit von bis zu sechs Wochen zuvor mithilfe der bekannten »Wüstenschiffe«. Nachdem der Herrscher 1909 gestürzt wurde, unterblieb aber der Weiterbau der letzten 450 Streckenkilometer von Medina bis nach Mekka.
Als schwierig erwies sich auf der Hedschasbahn stets die Versorgung ihrer zahlreichen Dampflokomotivkessel mit Kohle, die nur im Libanon vorkam und von

schlechter Qualität war. Folglich waren bald sämtliche Bäume beiderseits der Strecke abgeholzt. Selbstredend war Wassermangel in Kleinasien ebenfalls ein Problem, sodass vielen Maschinen schlichte Zisternenwagen mit Blechtanks beigegeben werden mussten.
Die Errichtung der Hedschasbahn, so steht es in Band 6 von »Rölls Enzyklopädie des Eisenbahnwesens« aus dem Jahr 1914 zu lesen, begegnete den »fortwährenden Angriffen der feindlichen Beduinenstämme, deren Leben und Treiben durch den Bahnbau gestört wurde [...]. Die Kosten der Bahn betrugen bisher durchschnittlich ungefähr 42.000 Mark für das Kilo-

Brücke der Hedschasbahn mit einer Tenderlokomotive nebst Zisternenwagen, Aufnahme um 1905
Foto: Sammlung Günter Krause

meter. Die finanziellen Ergebnisse sind einstweilen sehr bescheiden.«[15]

Während des Ersten Weltkriegs geriet die Hedschasbahn in den Konflikt zwischen dem Osmanischen Reich und widerstrebenden arabischen Kräften im Süden. Die aufständischen Beduinen wurden von britischer Seite unterstützt, zumal auch bald deutsche Truppen in Palästina standen. Als 1918 die Verbindung von Damaskus nach Istanbul in nördlicher Richtung hergestellt war, griffen deutsche Eisenbahnbetriebskompanien in den Bahnverkehr ein. Der Zerfall des Osmanischen Reiches führte dazu, dass schon 1924 letztmalig ein durchgehender Zug die Route von Damaskus nach Medina befuhr. Noch heute zeugen viele verrostete Wracks von Lokomotiven in der Wüste von dieser und von späteren Auseinandersetzungen. Ein Teil der Strecken in Palästina wurde später unter englischem Einfluss von den *Palestine Railways* übernommen. Ein anderer Teil wurde unter französischem Patronat in Syrien mit dem Namen *Chemin de Fer de Hijaz* von der Eisenbahngesellschaft »Damas–Hama et Prolongements« betrieben.[16]

Deutsche Fahrzeuge für die Hedschasbahn

Die niedrige Achslast der Strecke von 10 Tonnen, kräftige Steigungen bis 20 Promille und enge Kurvenhalbmesser bis 125 Meter stellten die deutschen Konstrukteure der importierten Fahrzeuge für die Hedschasbahn vor schwierige Aufgaben. Ihre Lokomotiven wurden in der Anfangszeit bei den Fabriken von Hartmann in Chemnitz, Henschel in Kassel,

Die Dampflokomotive Nr. 10 (früher Nr. 5) der Hedschasbahn, gebaut 1902 von Krauss in München, steht heute im Israel Railway Museum
Foto: Israel Railway Museum

Hohenzollern in Düsseldorf, Krauss in München und Jung in Jungenthal bei Siegen sowie im schweizerischen Winterthur beschafft. Zum Bau der Strecke kamen kleinere Dampfloks aus den belgischen Werken von La Meuse heran.
Es scheint, als hätten sich fast keine Akten, Briefe oder andere Dokumente mit Bezug auf Paul Levys Zeit in Kleinasien bis heute erhalten. Was er selbst an alten Papieren noch besaß, wurde 1943 in Berlin bei seiner Deportation vernichtet. Überliefert blieb jedoch in deutschen Bibliotheken ein Aufsatz, den er in Heft 5/1911 der Fachzeitschrift *Organ für die Fortschritte des Eisenbahnwesens* unter dem knappen Titel »Betriebsmittel der Hedjazbahn« am 1. März 1911 veröffentlicht hat. Er begann mit den Worten: »Die Hedjazbahn soll den Ausgangspunkt der mohammedanischen Pilgerzüge, Damaskus, mit den heiligen Stätten Medina und Mekka verbinden und so die beschwerliche und gefahrvolle Wüstenreise in eine drei bis vier Tage währende Eisenbahnfahrt umgestalten. Von der Hauptstrecke Damaskus – Mahan – Medina – Mekka – Djeddah von etwa 1800 km Länge ist heute der 1303 km lange Abschnitt Damaskus – Medina in Betrieb, außerdem eine 161 km lange Zweigstrecke, die das syrische Hafenstädtchen Haifa mit der 128 km südlich von Damaskus an der Hauptstrecke liegenden Station Deraa verbindet. Da außer den religiösen Zwecken für

den Bau dieser Bahn auch politische und strategische Gesichtspunkte maßgebend waren und die größtmögliche Beschleunigung des Baues verlangten, andererseits die zur Verfügung stehenden Geldmittel knapp waren, so sah sich die Bauleitung gezwungen, sich nach Möglichkeit dem Gelände anzupassen und auf Kunstbauten und große Erdbewegungen tunlichst zu verzichten. Doch hat man sich grundsätzlich an die steilste Steigung von 20 Promille in der Geraden und den kleinsten Halbmesser von 125 m bei 1,05 m Spur gehalten. Die größten Schwierigkeiten verursachten der Aufstieg im Jarmuktale und der Übergang über das Ammonitergebirge.«[17]

Paul Levy konnte Anfang 1911, also nach seiner Rückkehr aus der Fremde, von den gemachten Erfahrungen berichten und Schlüsse daraus ziehen: »Die für einen wirtschaftlich guten Eisenbahnbetrieb erschwerenden Verhältnisse verschlechterte eine Reihe anderer Umstände noch wesentlich: 1. Der geringe zulässige Achsdruck von 10 t, der aus der Wahl leichter Schienen von 21,5 kg/m Gewicht folgte; 2. die Wasserverhältnisse, die an vielen Stellen Entfernungen von 100 km und darüber zwischen den einzelnen Wasserstationen nötig machten, abgesehen von der Beschaffenheit des gefundenen Wassers, für das Reinigungsanlagen nicht beschafft wurden, und das daher die Kessel und ihre Bestandteile in der unglaublichsten Weise angriff, die Verdampfungsfähigkeit schon nach verhältnismäßig kurzen Strecken herabsetzte und wöchentliches Auswaschen der Kessel erforderlich machte; 3. der Flugsand, der für viele Achslager trotz aller aufgewendeten Vorsichtsmaßregeln verhängnisvoll wurde; 4. der Mangel an Werkstätten für die Fahrzeuge. Erst auf das wiederholte Drängen der Betriebs- und Bau-Leitung entschloß man sich, in Damaskus eine größere Werkstätte zu erbauen, die aber erst im Juli 1908 fertig war. Bis dahin mußte sich der Betrieb mit drei kleinen Betriebswerkstätten begnügen, die den Lokomotivschuppen angegliedert waren, und von denen jede zwei bis drei Drehbänke, eine Achsdrehbank, eine Shapingmaschine und eine bis zwei Bohrmaschinen enthielt. Auch waren die Arbeitskräfte nach Zahl und Leistung ungenügend; 5. die ungenügend ausgebildeten Lokomotiv- und Fahrmannschaften.«[18]

Nur mit Mühe gelang es den deutschen Ingenieuren bei den osmanischen Beschaffungsstellen für die Hedschasbahn, überhaupt eine gewisse Gleichheit der Ausrüstungsteile an Fahrzeugen unterschiedlicher Produzenten zu erreichen. Mit den manchmal korrupten einheimischen Einkäufern waren Meinungsverschiedenheiten durchaus an der Tagesordnung. Das ließ Paul Levy zwischen den Zeilen durchblicken: »So war man bis Ende 1905 ungefähr bei km 500 ange-

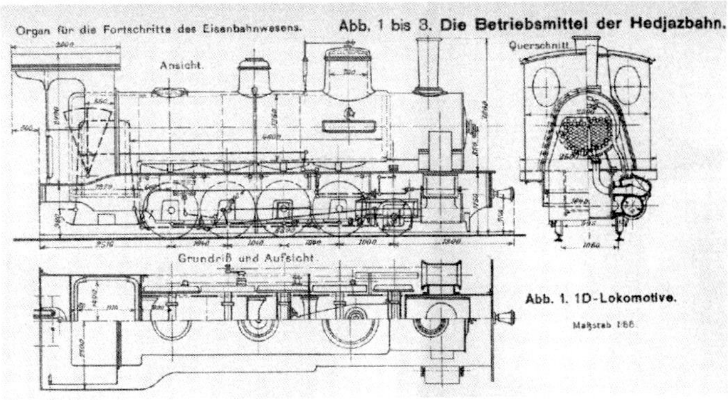

Bei der Lokomotivfabrik Krauss in München entstanden acht Maschinen der Bauart 1'D-h2 für die Hedschasbahn
Bild: Organ für die Fortschritte des Eisenbahnwesens, 1911

kommen, als aus Konstantinopel der Befehl kam, den Bahnbau mit allen Kräften derart zu fördern, daß jährlich etwa 300 km Gleislänge vorgestreckt und Medina in drei Jahren erreicht würde. Die Betriebsleitung arbeitete daher einen Plan für die nötige Vermehrung der Fahrzeuge aus und verlangte die schleunige Beschaffung von sechs Personenzuglokomotiven für den inzwischen aufgenommenen Personenverkehr auf den Strecken Damaskus – Haifa und Damaskus – Mahan und von neunzehn schweren Güterzuglokomotiven der Bauart Krauß. Gleichzeitig stellte sie der Generalkommission anheim, von den Güterzugloko-

motiven vier als Doppel-Verbundlokomotiven für den Dienst auf den steilen Steigungen des Jarmuktales und der Ammoniterberge zu bestellen, die bis dahin [eine] Teilung aller Züge nötig gemacht hatten. Dieser letztere Vorschlag wurde angenommen, statt der übrigen fünfzehn wurden aber nur sieben bestellt, und die Zahl der Personenzuglokomotiven aus unbekannten Gründen von sechs auf vierzehn erhöht. So trat eine völlige Verschiebung des Planes ein. In Wirklichkeit wurden bestellt: a) 14 Stück 1C-Lokomotiven mit Tender, die eine Hälfte bei A. Jung in Jungenthal, die anderen bei der Sächsischen Maschinenfabrik vormals Richard Hartmann in Chemnitz; b) 7 Stück 1D-Lokomotiven mit Tender bei letzterem Werke; c) 4 Stück 1B+C Mallet-Rimrott-Maschinen mit Tender bei Henschel & Sohn in Kassel.«[19]
Der Oberingenieur Hermann Keller (gest. 1926) als Vorstand des Büros »TB 2« für Überseelieferungen an Hauptbahnen bei der Firma Henschel & Sohn in Kassel entwarf im Jahr 1908 besagte Gelenklokomotive der Bauart Mallet-Rimrott für die Hedschasbahn. Mit dieser Konstruktion wollte man die engen Kurven meistern. Bald erwies sich die Konstruktion als viel zu kompliziert für das exotische Einsatzgebiet.[20]
Paul Levys Aufsatz vom März 1911 enthielt im Ergebnis durchaus kritische Abschnitte: »Die Mallet-Rimrott-Lokomotiven beförderten bei Versuchsfahrten auf der

Jarmuktalsteigung einen Zug von 230 t Gewicht bei durchschnittlich 20 km/Std., auf der Ammansteigung, wo die Verhältnisse wegen der dicht aufeinander folgenden Gegenkrümmungen noch ungünstiger sind, mußte das Zuggewicht auf 180 t beschränkt werden. Trotz dieses verhältnismäßig günstigen Ergebnisses und trotz der glänzenden Ausführung dieser Lokomotiven mußte sich die Betriebsleitung doch eingestehen, daß die Gelenklokomotiven gegenüber der ungenügenden Ausrüstung der Bahn und dem Mangel an Unterhaltungsmitteln und an geübten Arbeitskräften zu verwickelt sind, daher wurde in der Folge von weiteren Beschaffungen abgesehen.« In seiner Abhandlung von 1911 kam er zu dem Schluss: »Es muß hervorgehoben werden, daß alle deutschen, an den Lokomotivbestellungen für die Hedjazbahn beteiligten Werke nur erstklassige Erzeugnisse und vortreffliche Ausführungen geliefert haben, und daß dadurch der gute Ruf, dessen sich der deutsche Lokomotivbau in der Türkei erfreut, wesentlich befestigt worden ist.«[21]

Die Bahn verfügte nach Levys Bericht über rund 60 Personenwagen und etwa 500 Güterwagen. Ein »Saalwagen« für Inspektionsreisen wurde bei den Marinewerkstätten in Konstantinopel für die Hedschasbahn ebenso beschafft wie ein Moscheewagen, doch ließen deren Laufeigenschaften zu wünschen übrig. Viele ihrer Drehgestell-Güterwagen bezog die

Bahn von der Gothaer Waggonfabrik und bei belgischen Werken. Einige Personenwagen kamen von deutschen Lieferanten in Nürnberg und in Werdau. Zu persönlichen Erfahrungen in der Wüste und den notwendigen Konstruktionsänderungen bemerkte Paul Levy im »Organ für die Fortschritte des Eisenbahnwesens« von 1911 lakonisch: »So wurden die Plüschbezüge der I. Klasse durch lederne ersetzt und die Rücklehnen glatt, ohne Abheftung ausgeführt, um dem Ungeziefer den Aufenthalt weniger angenehm zu machen.«[22]

Die erste Ehe mit der Cousine Ida Levy

Am 19. Mai 1906 haben der preußische Bahnbeamte Paul Levy und seine Cousine Ida Levy (1884–1974) im pommerschen Bad Polzin geheiratet. Die beiden Väter Julius und Bernhard Levy waren Trauzeugen. Wie die »Rangliste« der preußischen Staatsbahnbeamten zeigt, war Paul Levy zu jener Zeit von der Königlichen Eisenbahndirektion Danzig ohne Bezüge förmlich »beurlaubt (Kleinasien)«.[23] Nach Angaben auf der Heiratsurkunde wohnte Paul Levy zum Zeitpunkt seiner Hochzeit bereits im syrischen Deraa (Dar'a), wo die Zweigstrecke der Bahn nach Haifa abging.
Seine Frau Ida Levy war am 23. Februar 1884 in Bad Polzin geboren und dort aufgewachsen. Ihr Vater

Die erste Ehefrau Ida Levy, lange nach der Trennung im Alter von 49 Jahren, um 1933
Foto: Sammlung Familie Stumpf

Bernhard Levy war, wie bereits erwähnt, der ältere Bruder von Paul Levys Vater Julius. Die Tochter Ida kannte den braven Paul seit Kindertagen und hatte viele Briefe mit ihm gewechselt. Nach den Worten Roman Fristers ist die junge Frau »in Berlin in einem

jüdischen Pensionat für Mädchen aus gutem Hause erzogen worden. In der Hauptstadt hatte sie einen Lebensstil angenommen, der ihren Eltern ein Dorn im Auge war. Ida liebte riesige, mit Blumen verzierte Hüte, schwärmte für modische Kleider und glitzernden Tand. Wenn sie nicht den Blicken der Familienangehörigen und Erzieherinnen des Pensionats ausgesetzt war, pflegte sie sich übermäßig zu schminken und zu parfümieren. Freunde schrieben nach Polzin, daß man sie in einem Kabarett nach Pariser Vorbild gesehen habe, das als Treffpunkt für Schriftsteller, Poeten, Maler und andere ›zweifelhafte‹ Gestalten bekannt war. Bernhard und Henriette erschraken. Kein Wunder, daß sie beschlossen, Ida schnellstmöglich zu verheiraten.«[24]
Die Mutter Henriette, geb. Cohen, hatte vor der Tochter Ida schon vier Kinder zur Welt gebracht, nämlich die Geschwister Lina (geb. 29. September 1875), Ernst (19. November 1876), Siegfried (geb. 10. Juni 1878) und Leo (geb. 19. September 1881). Die Verbindung der beiden Eheleute war auf traditionelle Weise durch einen *Schidduch* (dt. »Vermittlung«) von den Vätern arrangiert worden. Sie versprachen sich von der Eheschließung mit dem aufstrebenden, fast 30 Jahre alten Maschinenbauer einen günstigen Einfluss auf die junge Frau. Weiter erzählt Roman Frister: »Die Brüder besiegelten den Schidduch mit einem

Handschlag. Nach dem Abendessen setzten sie sich zusammen, um die finanzielle Seite zu regeln. Erst am nächsten Morgen holte Julius die Meinung seines Sohnes ein. Paul nahm das Angebot wie einen Befehl auf, dem man nicht zu widersprechen wagt.«[25]

Gemeinsam lebte das junge Paar ab 1906 zunächst in Konstantinopel, dann im syrischen Damaskus, wie Roman Frister weiter berichtet: »Paul und Ida war eine schöne Wohnung in der Nähe der Bahnstation Kadisch-Isch-Scherif zur Verfügung gestellt worden, einer Station, von der aus die Züge nach Süden weiterfuhren. Noch bevor sie in Damaskus eintrafen, war eine Strecke von mehreren hundert Kilometern bereits gebaut.«[26]

Mit dem weiteren Baufortschritt bei der Hedschasbahn wohnten Paul und Ida Levy zuletzt wohl in Beirut. Nach dem Ende der Bauarbeiten wie der Herrschaft des Sultans endete Paul Levys Vertragsverhältnis mit der Bahn im Jahr 1909. Viele Kollegen, unter ihnen auch Heinrich August Meißner, gingen anschließend zur Bagdadbahn im Lande.[27]

Von Deutsch-Ostafrika nach Köln am Rhein

Dagegen war Paul Levy während der nächsten Zeit von Mitte 1909 bis Ende 1910 in der Rangliste der preußischen Bahnbeamten als seitens der Königlichen Eisenbahndirektion Essen »beurlaubt (Deutsch-Ostafrika)« verzeichnet.[28] In dieser afrikanischen Kolonie, damals ein »Schutzgebiet« genannt, bestand – anders als bei der Hedschasbahn – eine regelrechte deutsche Verwaltung. Welche Arbeiten er dort im Detail zu versehen hatte, wird kaum aufzuklären sein. Nach der 351 Kilometer langen »Usambara-Bahn« von Tanga nach Neu Moschi, deren erster Teil 1905 in Betrieb gegangen war und die 1912 vollendet wurde, sollte eine etwa 1.250 Kilometer lange Kolonialbahn vom Hafen Daressalam bis Tabora mit dem Namen »Ostafrikanische Eisenbahn-Gesellschaft« entstehen.

Tabora wurde am 1. Juli 1912 erreicht; eine Zweigstrecke nach Muansa am Viktoriasee sollte hinzukommen.[29] Neben Paul Levy lebte am Dienstort Daressalam im heutigen Tanganjika (Tansania) von 1910 bis 1917 auch sein Eisenbahner-Kollege Karl Hillenkamp (1875–1918), der im Reichs-Kolonialamt beschäftigt gewesen war und am 13. Januar 1918 unter ungeklärten Umständen in Ägypten verstarb.[30]

Paul Levy kehrte noch vor dem Ersten Weltkrieg in die Heimat zurück. Bereits in den folgenden »Ranglisten« der preußischen Staatseisenbahnverwaltung wurde er mit Stand vom 1. Oktober 1910 als »etatmäßiger Regierungsbaumeister« und wissenschaftlicher Hilfsarbeiter im Maschinenamt Saarbrücken geführt. Dieser Ort und dieses Amt stehen über seinem im März 1911 gedruckten Aufsatz zu den »Betriebsmitteln der Hedjazbahn« beim Verfassernamen.[31]

Der Aufenthalt Paul Levys in Saarbrücken war nur von kurzer Dauer. Anschließend leitete der Regierungsbaumeister seit Anfang 1912 bei der Staatsbahn »auftragsweise« das Eisenbahn-Werkstättenamt in Köln-Nippes und wurde am Rhein ansässig. Die genannte Einschränkung bezeichnete die Tatsache, dass ihm bei der Staatsbahn einige Dienstjahre fehlten.[32]

Dieses Ausbesserungswerk war schon 1855 von der Rheinischen Eisenbahngesellschaft angelegt worden, welche ab 1839 die Verbindung zwischen Köln und Aachen betrieben hatte und seitdem beträchtlich gewachsen war. Beinahe 130 Jahre lang prägte das Werk den Stadtteil Nippes. 1880 war die Rheinische Eisenbahngesellschaft in den Besitz des preußischen Staats übergegangen. Schrittweise kamen weitere Hallen und Anlagen hinzu. Zu Paul Levys Amtszeit im Jahr 1916 hatte das Gelände seine größte Ausdehnung erreicht und umfasste nun eine Fläche von 196.000 Quadratmetern zwischen dem Parkgürtel und der Werkstattstraße. Die Zahl der Beschäftigten lag zeit-

weilig bei 3.000 Menschen, doch 1978 wurde das Werk wegen Arbeitsmangels geschlossen.[33] Noch heute sind inmitten neuer Wohnbebauung unweit der Bahnstation »Geldernstraße/Parkgürtel« für die öffentlichen Straßen solche Namen wie »Am Ausbesserungswerk« und »Lokomotivstraße« oder »Wagenhallenstraße« in Gebrauch.
Vor dem Ersten Weltkrieg lebten 75 Familien mit dem Namen »Levy« in Köln. Der Regierungsbaumeister Paul Levy wohnte mit seiner Frau an der Sechzigstraße 48 in einem Haus, das wie die benachbarten Bauwerke unter den Hausnummern von 46 bis 74 zwischen der Nohlstraße und dem Bahnhof Köln-Nippes dem Eisenbahnfiskus – also der Staatsbahn – gehörte. Ein Telefon mit der Rufnummer »A 5651« war bereits vorhanden. Gleich nebenan waren zahlreiche Werkmeister und Bahnwärter I. Klasse zu Hause.[34]
Am 12. September 1912 wurde dem Ehepaar in Köln die Tochter Susanne Levy geboren, später Susanna genannt. Zu diesem Zeitpunkt waren ihr Vater Paul Levy 35 Jahre und ihre Mutter Ida Levy 28 Jahre alt. Während des Ersten Weltkriegs war er weiterhin in Köln stationiert, nahm aber zeitweilig im deutschen Eisenbahndienst an der russischen Front teil. Am Bein verletzt, erhielt er das Eiserne Kreuz. Erst nach Ende des Ersten Weltkriegs rückte er in den Rang eines preußischen Regierungs-Baurats auf.

Seine Ehefrau Ida Levy war schon unter den unwirtlichen Umständen des Vorderen Orients nicht immer glücklich gewesen. Ihre Sehnsucht nach einem »anderen Leben« ging weder in Damaskus noch in Köln am Rhein in Erfüllung, und ihr Mann vergrub sich in der Arbeit. Im Sommer 1917 kehrte sie mit der vierjährigen Tochter nach Pommern zurück und offenbarte der Familie, dass die Beziehung gescheitert war. Den Bewohnern von Bad Polzin fiel sie während des Ersten Weltkriegs durch mondäne Garderobe auf. Nach einer Dauer von fast 17 Jahren wurde die Ehe zwischen Paul und Ida Levy am 15. Mai 1923 geschieden. Sie hatten aus Pietät erst das Ableben von Idas Vater Bernhard Levy am 19. Mai 1920 und den Tod ihrer Mutter Henriette am 3. April 1922 in Polzin abwarten wollen.[35]
Schon am 4. Oktober 1923 heiratete Ida Levy den Kunsthändler Otto Feldmann (geb. 26. Februar 1881 in Wien). Ihr zweiter Ehemann wurde 1939 bei einem Besuch in Prag verhaftet, sodann am 30. November 1941 in das Durchgangslager Theresienstadt deportiert und nach einem weiteren Transport am 9. Mai 1942 vermutlich in Sobibór bei Lublin ermordet.
Ida Levy lebte nach 1938 mit ihrem Bruder Siegfried im schweizerischen Lugano und bestieg 1941 in Lissabon ein Schiff nach New York, wo sie Ady Feldman hieß. Am 30. Januar 1974 verstarb sie im Alter

von 90 Jahren in Los Angeles unweit des Wohnorts ihrer Tochter Susanna (1912–2005).
Paul Levys Schwester Käthe Levy schenkte mit ihrem Mann Ernst Levy (1876–1934), einem Cousin aus Polzin, schon vor dem Ersten Weltkrieg vier Kindern das Leben: den Töchtern Thea, Marianne, Brigitte und Gabriele. Sie konnten 1937 aus dem Deutschen Reich nach Palästina fliehen. Die Schwester Käthe Levy starb im Oktober 1954 in Tel Aviv.

Paul Levy bei der Reichsbahn in Altona

Am 1. April 1920, also mit Gründung der aus den bisherigen acht Ländereisenbahnen zusammengefassten Deutschen Reichsbahn, stieg Paul Levy endlich zum Regierungs- und Baurat (Besoldungsgruppe XI) auf. Bereits am 1. Oktober 1920 wurde er zum Oberregierungs- und Baurat (Gruppe XII) befördert. Diese Position hieß seit der Umwandlung der Verwaltung zur nichtstaatlichen Deutschen Reichsbahn-Gesellschaft im Herbst 1924 dann Reichsbahnoberrat.
Während jener Jahre befand sich Paul Levy zunächst noch in Köln, seit der Scheidung vielleicht wohnhaft in Bonn, sowie spätestens seit dem 1. April 1925 bei der Reichsbahndirektion Altona. Die Akten der Staatsbahn sind hier lückenhaft. In Altona blieb er mit sei-

nen Erfahrungen ganz dem Fach verbunden, das ihn schon in Kleinasien und in Köln beschäftigt hatte: der Fahrzeugausbesserung. Nun war er Direktionsmitglied und als Dezernent 61 für »Werkbetrieb« tätig.[36] Ein Blick auf seine damaligen Kollegen zeigt, dass dort in der Werkstättenabteilung jüdische Oberbeamte in auffallender Zahl beschäftigt waren: Dezernent 63 für »Wärmewirtschaft« war der jüdische Reichsbahnrat Leopold Sußmann (1876–1941), der nach seiner Deportation während des Zweiten Weltkriegs im lettischen Riga ermordet wurde. Ihr Abteilungsleiter und zugleich Dezernent 60 für »Werkstättenorganisation« war bis 1930 der jüdische Direktor bei der Reichsbahn Dr.-Ing. Ernst Spiro (1873–1950), der bald nach seinem Wechsel zum Reichsbahn-Zentralamt für Einkauf in Berlin 1933 aus dem Amt gejagt wurde. Er konnte 1939 nach England fliehen.[37]

Seit dem 30. März 1925 wohnte Paul Levy zunächst in der Moltkestraße 75 »bei Helene Busch, Wwe.« im Stadtteil Ottensen, um dann an der Elbe ein besser geeignetes Quartier zu suchen. Das ist die heutige Bernadottestraße, gleich neben dem eigenwilligen »Moltkehaus« mit der Hausnummer 77 gelegen. Frau Busch war Witwe und Privatiere. Im Haus lebte auch der Reichsbahnrat Erich Lehmann, der, am 8. November 1877 geboren, ein gleichaltriger Streckendezernent bei der Reichsbahndirektion Altona war.[38]

Paul Levy mit seiner Tochter Susanne aus erster Ehe, vermutlich in Altona um 1930
Foto: Sammlung Familie Stumpf

Bald nach der Scheidung heiratete Paul Levy wieder. Seine zweite Ehefrau Charlotte Levy, eine geborene Lewy, oft »Lotte« genannt, war am 3. Oktober 1882 in Berlin zur Welt gekommen. In Roman Fristers Buch über »Ascher Levys Sehnsucht nach Deutschland« erscheint sie kaum. Von September 1925 bis Februar 1931 lebte das Paar allein – manchmal auch mit seiner

Tochter Susanne – in der Erdgeschosswohnung eines Hauses mit der Adresse »Allee 233« (heute: Max-Brauer-Allee) neben der Ecke zur Wielandstraße. Eigentümerin des Gebäudes war die Deutsche Reichsbahn-Gesellschaft. Heute steht dort in Altona ein anderes Bauwerk.[39]

Die preußische Eisenbahndirektion Altona bestand schon seit 1884 vor den Toren der Freien und Hansestadt Hamburg.[40] Präsident dieser quasistaatlichen Behörde war seit 1918 und bis zum 1. September 1932 der Geheime Finanzrat Dr. jur. Ernst Schneider (1867–1945), anschließend bis 1935 noch David Lochte (geb. 1871, Todesjahr unbekannt). Nach dem Ersten Weltkrieg wurde die Fahrzeugausbesserung bei der Reichsbahn gemäß den Ideen des Geheimen Baurats und Reichsbahndirektors Peter Kühne (1875–1952) neu organisiert. Seit Januar 1925 war Altona zugleich eine »Geschäftsführende Direktion des Werkstättenwesens« für die Bezirke der Reichsbahndirektionen Altona, Hannover, Münster (Westf.), Oldenburg und Schwerin (Bezirk 1) geworden. Im Geschäftsjahr 1925 verzeichnete man in den Altona nachgeordneten Haupt- und Nebenwerkstätten etwa 3.500 »Tagewerksköpfe« (Arbeitsplätze) für Arbeiter.

In der regelmäßigen Beilage über »Werkstättenbau und Werkwirtschaft« zu der Fachzeitschrift »Verkehrstechnik« erschien mit dem Heft 4 vom 28. Januar 1927

Das Dienstgebäude der Reichsbahndirektion Altona
mit dem Stuhlmannbrunnen in der Nähe des Hauptbahnhofs Altona
Foto: Wilhelm Heinemann, Sammlung Dierk Lawrenz

zum Thema »Fließarbeit und fließende Fertigung in Eisenbahn-Ausbesserungswerken« ein Beitrag des Reichsbahnoberrats Paul Levy. Darin erörterte der Verfasser seine aktuellen Anstrengungen zur Rationalisierung der Ausbesserung an Personenwagen-Drehgestellen im Werk Neumünster (Direktor: Reichsbahnrat Richard Rusche, geb. 1881, Todesjahr unbekannt) und an einfachen offenen Güterwagen im Werk Sebaldsbrück bei Bremen (Direktor: Reichsbahnoberrat Walter Lüttich, geb. 1884, Todesjahr unbekannt).

Rationalisierung nach dem überragenden amerikanischen Beispiel war die wichtigste Aufgabe der Eisenbahner jener Zeit. Paul Levy schrieb dazu: »Der Geist der Rationalisierung, der unser gesamtes Wirtschaftsleben in immer zunehmendem Maße beherrscht, ist auch in den Betrieben der Eisenbahnverwaltung lebendig geworden. In den Eisenbahnausbesserungswerken spürt man ihn auf Schritt und Tritt, alles ist auf fortschrittliche Arbeitsweise eingestellt mit dem Ziel, höchste Leistung bei geringstmöglichem Aufwand zu vollbringen. Jede Neuerung, die auf dem Gebiete der Arbeitsorganisation bekannt wird, wird mit wachem Auge und regstem Interesse verfolgt und daraufhin geprüft, ob sie zur weiteren Verbesserung und Verbilligung der Arbeitsverfahren geeignet ist. Die Einführung vollkommener Arbeitsteilung, die Arbeitsvorbereitung, die wirtschaftliche Ausnutzung der Werkzeugmaschinen, die planmäßige Förderung, die Zeitaufnahmen sind nur einige, besonders bemerkenswerte Punkte auf dem Wege, der zurückgelegt werden mußte, um aus den Werkstätten moderne Fabrikbetriebe werden zu lassen.«[41]

Es scheint, als sei dieser Text von Anfang 1927 bereits Paul Levys letzte Fachveröffentlichung gewesen. Da war er gerade 50 Jahre alt geworden und wirkte schon ein wenig müde. Im Januar 1928 war Reichsbahnoberrat Levy gewiss bei einem vor dem Hamburger Bezirksverein Deutscher Ingenieure gehaltenen Vortrag des Vorgesetzten Ernst Spiro anwesend, als dieser über sein Fachgebiet »Rationalisierung im Werkstättenwesen der Deutschen Reichsbahn« sprach. Der Text erschien bald darauf im Druck. Die Zahl der Werkstättenmitarbeiter bei der Reichsbahn-Gesell-

Der Reichsbahnbeamte Ernst Spiro, in Altona bis 1930 der Abteilungsleiter Paul Levys, musste 1933 den Staatsdienst verlassen
Foto: Rose Nicolaier, Sammlung Anthony Spiro

schaft war im Jahr 1926 bereits um die Hälfte auf 100.000 Mann gesunken. Wie schon von Paul Levy gesagt, sollte die »Fließfertigung« im Taktverfahren in den Werken vermehrt angewandt werden, was nicht selten Umbauten und eine Umschulung der Beschäftigten erforderte. Gegen allzu eigenmächtiges Verhalten der Werkstättenarbeiter gab Ernst Spiro damals den Rat: »Gute Aufsicht und sorgfältige Nachprüfung müssen hier helfen.«[42]

Über das soziale Leben des Eisenbahnbeamten Paul Levy in Altona ist wenig bekannt. Ob er in der Republik jemals zu einem Treffen der alten Kameraden von den Eisenbahntruppen in Hamburg gegangen ist, war nicht zu ermitteln.

Von April 1925 bis zu seinem Wegzug am 1. November 1933 führte Paul Levy, wie seine »Kultussteuerkarte« erkennen lässt, ein Leben als getreues Mitglied der *Hochdeutschen Israelitengemeinde zu Altona.* Das Dokument zeigt, dass er ab 1927 um Ermäßigung der Veranlagung von 270 Reichsmark im Jahr bat und mit der Zahlung gelegentlich in Rückstand geriet. Die Gründe sind unbekannt.[43] Die einzelnen jüdischen Gemeinden in Altona, Harburg und Wandsbek wurden erst 1938 nach dem »Groß-Hamburg-Gesetz« mit der Deutsch-Israelitischen Gemeinde Hamburgs zum »Jüdischen Religionsverband Hamburg e. V.« zwangsweise vereinigt.[44]

Altona 354

Abteilung V*

Leiter: D. Levy (s. Dez 60)

Dezernenten

60	Werkst., Organis.	Levy	D
61	Werkbetrieb	Silbereisen	O R
62	Stoffwirtsch.	Klemme	O R
63	Wärmewirtsch.	Sußmann	O R
64	Werkausrüst. usw.	Hansmann	O R
65	Fahrzeug-bewirtsch.	Küsel	O R
66	Werkst.-Haushalt	Schondorff	O R

Die oberen Beamten der Werkstättenabteilung in Altona im März 1929; Direktor Spiro war bereits nach Berlin zum Zentralamt abgeordnet

Als bei der Reichsbahndirektion Altona ihr bisheriger Abteilungsleiter Ernst Spiro zum 1. Dezember 1930 nach Berlin als Direktor des Reichsbahn-Zentralamts für Einkauf versetzt worden war, trat Paul Levy dessen Nachfolge an. Er wurde nun selbst Dezernent 60 für »Werkstättenorganisation« und Leiter der Werkstättenabteilung. Da war er 54 Jahre alt. Bereits am 1. Oktober

1930 ernannte der Reichsbahn-Generaldirektor Julius Dorpmüller ihn dort zum »Direktor bei der Reichsbahn« (Besoldungsgruppe XIII). So wurden damals die Direktoren der deutschen Staatsbahn bei der regional aufgefächerten »Betriebsverwaltung« außerhalb ihrer Reichsbahn-Hauptverwaltung bezeichnet. Das durchschnittliche Jahreseinkommen für solche Posten belief sich Ende 1930 auf 14.435 Reichsmark, entsprechend 1.183 Reichsmark im Monat, wurde aber schon 1932 etwas gekürzt. Ein Lokomotivführer der Reichsbahn-Gesellschaft bekam dagegen 4.284 Reichsmark jährlich.[45] Zugleich wurde der Reichsbahnoberrat Ludwig Silbereisen (geb. 1877, Todesjahr unbekannt) bei der Direktion Altona zu Paul Levys Nachfolger als Dezernent 61 für »Werkbetrieb« bestellt.[46]

Von Mitte Februar 1931 bis Ende Oktober 1933 bewohnte das Ehepaar Levy nun die erste Etage in dem malerischen Haus »Ole Hoop 18« in Blankenese, das in der Nähe der dortigen Bahnstation gelegen war. Gelegentlich war die auch in Heidelberg studierende Tochter Susanne bei ihm polizeilich gemeldet. Mit der seit dem 29. Januar 1908 komplett elektrisch betriebenen Vorortbahn von Blankenese nach Ohlsdorf gelangte er sechs Mal in der Woche – sogar am Sonnabend – rasch zu seinem Büro in dem ansehnlichen Dienstgebäude der Eisenbahndirektion neben dem Hauptbahnhof Altona in der Museumstraße 39.

Seinen Posten als Leiter der Werkstättenabteilung und Dezernent 60 bei der Reichsbahndirektion Altona hatte Paul Levy aber nur noch bis zum Herbst 1933 inne. Nach der Machtübergabe an Adolf Hitler und die nationalsozialistische Partei am 30. Januar 1933 beschloss der Reichstag das »Gesetz zur Wiederherstellung des Berufsbeamtentums« vom 7. April 1933. Es ermöglichte unter pseudolegalem Deckmantel die Versetzung von sogenannten Parteibuchbeamten, von »nichtarischen« und von »politisch unzuverlässigen« Staatsdienern in den Ruhestand. Eine besondere Klausel in § 1 (Absatz 4) des Gesetzes regelte seine Anwendung auf die Beamten der nichtstaatlichen Deutschen Reichsbahn-Gesellschaft.

Für Juden galt jedoch einschränkend die Vorschrift in § 3 (Absatz 2) des »Berufsbeamtengesetzes«, wonach Frontkämpfer des Ersten Weltkriegs oder ältere Beamte aus der Dienstzeit vor dem 1. August 1914 vorläufig noch nicht in den Ruhestand treten mussten. Durch diesen nach dem alten Reichspräsidenten benannten »Hindenburg-Paragraphen« genossen sie wenigstens bis zum Jahresende 1935 einen bescheidenen Schutz ihrer Arbeitsplätze.[47]

Im November 1933 wurde der Reichsbahnbeamte Paul Levy aber plötzlich von Altona zur Reichsbahndirektion Wuppertal versetzt. Bis Dezember 1935 war er dort am Döppersberg in der Abteilung III als

Dezernent 23 für »Werkstätten-Angelegenheiten« beschäftigt. Im Nebenamt hatte er zudem das Dezernat für »Heizungs-Angelegenheiten« inne. An der Spitze der Direktion wirkte bereits seit 1925 und noch bis 1937 ihr Präsident Rudolf Loewel (1871–1939). Abteilungsleiter durfte Direktor Levy aber in Wuppertal nicht mehr sein; diese Position in der vereinigten Maschinentechnischen und Betriebsabteilung war schon im Jahr 1934 auftragsweise mit dem Betriebsleiter und Oberreichsbahnrat Alexander Linke (geb. 1876, Todesjahr unbekannt) besetzt, der erst Anfang Januar 1935 zum Direktor bei der Reichsbahn ernannt wurde. Nachfolger Levys als Abteilungsleiter und Dezernent 60 in Altona wurde der Direktor bei der Reichsbahn Friedrich Stratthaus (geb. 1881, Todesjahr unbekannt).

Noch im Wuppertaler Adressbuch vom Mai 1938 war der Nachname »Levy« mehr als zwanzig Mal zu finden.[48] Während seiner kurzen Tage im Stadtteil Elberfeld wohnte Paul Levy ungefähr bis zum Jahresende 1936 an der Viktoriastraße 85. Zeitweilig war seine Tochter Susanne dort ebenfalls – wie schon zuvor in Blankenese – polizeilich gemeldet, wenn sie nicht in Heidelberg, Grenoble und Paris studierte. Eigentümer des Hauses waren »Barlach Wwe. Erben«. Der unfreiwillige Wechsel Levys hinweg von der Elbe in das Bergische Land war die Folge einer zu Beginn »unserer nationalsozialistischen Periode« (Hans Mommsen) typischen Umsetzung von jüdischen Bahnbeamten. Die Reichsbahn-Hauptverwaltung unter Julius Dorpmüller versuchte damals mit begrenztem Geschick, sie aus ihrem bisherigen Umfeld zu lösen. Ob Dorpmüller und Levy sich jemals persönlich getroffen und gesprochen haben, ist unbekannt. Lediglich etwa dreißig obere Beamte »nichtarischer« Herkunft konnten seit dem Jahr 1933 überhaupt noch im Dienst der Reichsbahn verbleiben. Sie mussten schließlich zum Jahresende 1935 ausscheiden.[49]

In der letzten ihn noch aufführenden »Rangliste« der oberen Reichsbahnbeamten nach dem Stand vom März 1935 war Paul Levy unter den insgesamt nur 19 Direktoren bei der Reichsbahn, die eine spezielle maschinentechnische Ausbildung hatten, nach dem Dienstalter auf Platz 10 gesetzt. Eine normale Entwicklung vorausgesetzt, hätte er also Ende 1941 als Abteilungsleiter in den Ruhestand treten, zuvor mit etwas Glück – das er nicht hatte – vielleicht sogar noch Vizepräsident einer Reichsbahndirektion werden können. Er und seine gleichrangigen Kollegen als Direktoren bei der Reichsbahn gehörten zu den Geburtsjahrgängen von 1872 bis 1881; hier lag Paul Levy also gleichfalls im Mittelfeld.[50]

Auch das Sägewerk der Familie Levy in Bad Polzin litt seit 1933 unter dem eingeschränkten Einkauf von

Holz seitens der Deutschen Reichsbahn-Gesellschaft bei jüdischen Lieferanten sowie an schikanös zögerlicher Wagengestellung für die erforderlichen Transporte. Doch seinem Cousin Leo Levy in Pommern musste der um Hilfe gebetene Direktor bei der Reichsbahn Paul Levy sagen, dass er in dieser Sache keinen Einfluss mehr hatte und selbst bereits wachsendem Antisemitismus bei der deutschen Staatsbahn ausgeliefert war.

Nach dem Erlass der »Nürnberger Rassengesetze« vom 15. September 1935 folgte die Deutsche Reichsbahn-Gesellschaft deren Anweisungen sofort. Die nationalsozialistische Tageszeitung *Völkischer Beobachter* vom 2. Oktober 1935 hetzte wenige Tage später: »Die Nürnberger Gesetze haben bei der Reichsbahn-Gesellschaft insofern schon praktische Ereignisse gezeitigt, als sie dem Stellvertretenden Generaldirektor, S. A.-Oberführer Kleinmann, die Möglichkeit gaben, alle Widerstände zu beseitigen und sofort nach Veröffentlichung der Gesetze durch telegraphische Anweisung alle noch in leitenden Stellungen bei der Reichsbahn befindlichen Juden zurückzuziehen. Wenn man erfährt, daß im Jahre 1935, also zwei Jahre nach dem Umbruch, bei der Deutschen Reichsbahn rund dreißig Juden in oberen Beamtenstellungen saßen, so fragt man sich, weshalb geschieht dies erst jetzt unter staatlichem Druck und nicht aus eigener Initiative?«[51]

Formal mussten die letzten jüdischen Reichsbahnbeamten zum Jahresende 1935 aus dem aktiven Dienst ausscheiden.[52] Danach stand in Heft 2/1936 der Zeitschrift *Die Reichsbahn* vom 8. Januar 1936 unter den Personalnachrichten offen zu lesen: »In den Ruhestand getreten: Direktor bei der Reichsbahn Levy bei der Reichsbahndirektion Wuppertal.«[53]

Zwei zerstörte Leben der Levys in Berlin

Paul Levy war am 17. November 1935 gerade erst 59 Jahre alt geworden und musste damit sechs Jahre vor der üblichen Zeit in den Ruhestand treten. Rechtsmittel dagegen gab es nicht. Das immerhin gezahlte Ruhegehalt wurde in der Folgezeit zwischen 1938 und 1943 mehrfach gekürzt. Wegen seiner Entlassung zog er von Elberfeld in die Anonymität der Großstadt nach Berlin, wo er Familienangehörige sowie andere jüdische Eisenbahner und gemeinnützige Institutionen wusste.[54]
Bald nach dem Ende ihrer Wuppertaler Zeit wohnten Paul und Charlotte Levy im Jahr 1937 gemeinsam zur Miete in dem südwestlichen Berliner Stadtteil Zehlendorf an der Albertinenstraße 31. Unter dieser gutbürgerlichen Adresse sind sie auch in den Unterlagen der deutschen Volkszählung vom 17. Mai 1939 ver-

zeichnet. In der Wohnung war ein Telefonanschluss verlegt. Nebenan befand sich eine Privatschule, und in ihrer Nachbarschaft lebte der Physiker Max von Laue (1879–1960). In einem Brief an seine Tochter Susanne berichtete Paul Levy, dass er gern in den Wäldern der Umgebung wanderte und dort Pilze sammelte.
Der Eisenbahner Julius Dorpmüller, dies nur am Rande, war dreizehn Monate nach der Entlassung Paul Levys im Februar 1937 zum zweiten Verkehrsminister Adolf Hitlers aufgestiegen. Zugleich blieb er Generaldirektor der Deutschen Reichsbahn bis zu seinem Tod am 5. Juli 1945 im holsteinischen Ort Malente.[55]
Ab Anfang Januar 1939 musste das Ehepaar die Zwangsvornamen »Paul Israel Levy« und »Charlotte Sara Levy« tragen. Die Zweite Verordnung zur Durchführung des Gesetzes über die Änderung von Familiennamen und Vornamen vom 17. August 1938 hatte das Ziel, jüdische Deutsche anhand ihrer Vornamen zu diffamieren.[56]
Es gehörte zu den dramatischsten Ereignissen im Familienleben Paul Levys während der unmittelbaren Vorkriegszeit in Berlin, dass im Verlauf der Pogromnacht des 9. November 1938 sein Cousin Leo Levy (1873–1938) von aufgeputschten SA-Leuten in Bad Polzin erschossen wurde. Der ältere Bruder seiner ersten Frau Ida hatte das Familienunternehmen in Pommern seit zwei Jahrzehnten geführt.[57] Während

der folgenden Nächte schlief Paul Levy in Berlin an wechselnden Stellen, um einer befürchteten Abholung aus der Wohnung zu entgehen. Spätestens seit Ende 1938 zogen er und seine Frau Charlotte die Emigration in Erwägung. Dazu benötigte er immer wieder beglaubigte Abschriften seiner alten Stettiner Geburtsurkunde.

Bald darauf verließ seine Tochter aus erster Ehe, Susanne, am Flughafen Tempelhof die deutsche Heimat. Am 1. April 1939 hat sie in dem Londoner Stadtteil Paddington ihren deutschen Studienkollegen

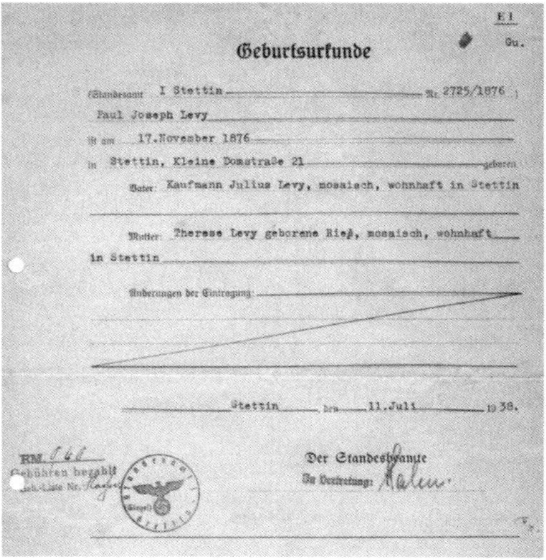

E I

Gu.

Geburtsurkunde

(Standesamt I Stettin Nr. 2725/1876)

Paul Joseph Levy

ist am 17.November 1876

in Stettin, Kleine Domstraße 21 geboren

Vater: Kaufmann Julius Levy, mosaisch, wohnhaft in Stettin

Mutter: Therese Levy geborene Rieß, mosaisch, wohnhaft in Stettin

Änderungen der Eintragung:

Stettin, den 11.Juli 1938.

RM. 0,60
Gebühren bezahlt
Geb.-Liste Nr.

Der Standesbeamte
In Vertretung:

Geburtsurkunde für Paul Joseph Levy, hier in Form einer am 11. Juli 1938 in Berlin gefertigten Abschrift
Foto: Sammlung Familie Stumpf

Gerhard (auch Gerard) Stumpf geheiratet, der am 6. Juni 1912 in Erfurt geboren war. Das Deutsche Reich hatte die Ehe zwischen Juden und »Ariern« bereits mit dem »Blutschutzgesetz« vom 15. September 1935 verboten. Während der nächsten Zeit lebten sie in Chile, und auch Paul Levy schrieb im Jahr 1940 einen Brief an den chilenischen Präsidenten mit der Bitte um das Einreisevisum.
Seine Tochter arbeitete seit August 1966 neben ihrem Ehemann als Buchhändlerin in Los Angeles in den Vereinigten Staaten. Gerhard Stumpf ist dort am 18. November 2003 verstorben, seine Frau Susanna am 16. Juli 2005 im Alter von 93 Jahren. Ihre drei Enkelkinder – Ines, Bernardo und Patricio – halten seitdem in Nordamerika die Erinnerung an Paul Levy sowie an Susanna und Gerhard Stumpf wach.

Paul Levy, Charlotte Levy (rechts) und Käthe Stumpf verabschiedeten sich im März 1939 in Tempelhof von Susanne
Foto: Sammlung Familie Stumpf

Als Eigentümerin des Hauses in der Zehlendorfer Albertinenstraße 31 war im Adressbuch von 1938 die »Berliner Terraingesellschaft« eingetragen. Seit 1939 gehörte das Grundstück der »Leinengarnvertriebsgesellschaft mbH« in Berlin SW 68, Krausenstraße 25–28. Weitere Mieterinnen und Mieter im Haus waren neben der Familie Levy – nach den Angaben im Berliner Adressbuch von 1940 – der Hauswart Gustav Neumann, die Staatsangestellte Wilhelmine Schliebs sowie die beiden Witwen Anna Schwartz und Elisabeth Stönner.[58]
Nur noch wenige Angaben finden sich über das Leben Paul Levys mit seiner zweiten Frau Charlotte aus der Zeit nach dem Beginn des Zweiten Weltkriegs in Berlin. Erst 1993 wurde die Tagebucheintragung der noch jungen Elisabeth Block (1923–1942) aus Niedernburg bei Rosenheim in Bayern vom 24. November 1940 mit dem Hinweis auf die beiden Familienmitglieder gedruckt: »Endlich mal wieder ein einigermaßen ruhiger Sonntag, nachdem wir jetzt Besuch von einem weit entfernten Berliner Ehepaar hatten. Tante Lotte und Onkel Paul Levy waren vom 5. bis 18. November hier, um sich ein wenig von der gräulichen Stadtluft mit Fliegerangriffen, knappem Essen usw. zu erholen, was ihnen hier bei unserem ruhigen Leben wohl auch gelang. Obwohl schon in den fünfziger und sechziger Jahren, waren beide noch sehr rüstig und machten täglich schöne

Spaziergänge. Zum Glück war das Wetter die ganzen Tage wundervoll, schöner als im Sommer [...]. Auch konnten beide großartige Geschichten, das heißt Erlebnisse von ihren Reisen, erzählen, so daß es gar viel zu lachen gab. Onkel war ja Reichsbahndirektor und war weit herumgekommen in der Welt. Am Sonntag vor acht Tagen feierten wir dann Onkel Pauls 64. Geburtstag mit Lichterkranz und Geflügelbraten, was sie sehr gerührt hat. Und Montag reisten sie wieder ab, nachdem ein jedes von uns sich etwas wünschen durfte.«[59]

Noch zum 1. Advent 1940 schickte die Familie Block aus Rosenheim ein Päckchen mit Nahrungsmitteln an Paul und Lotte Levy in Berlin. Ihr Vater Fritz Block (1888–1942), ein Diplom-Ingenieur, war im Ersten Weltkrieg als jüdischer Pilot für Deutschland geflogen und verletzt heimgekehrt. Er lebte als Viehhändler in Minden (Westfalen) und war im November 1938 in das Konzentrationslager Buchenwald verschleppt worden. Über Bielefeld wurde er am 13. Dezember 1941 nach Riga deportiert, wo sich seine Spur verliert. Seine Tochter Elisabeth Block wurde mit der Mutter Miriam Block (geb. 1896) sowie den Geschwistern Gertrud (geb. 1927) und Arno (geb. 1928) am 3./4. April 1942 von München-Milbertshofen nach Piaski bei Lublin deportiert und einige Wochen später in einem der Vernichtungslager Bełżec oder Sobibór ermordet.

Ganz überraschend wurde der Name Paul Levys im Monat März 1941 noch einmal gedruckt, als nämlich das bibliographische Handbuch von Kurt Ewald (1895–1973) mit dem Titel *20000 Schriftquellen zur Eisenbahnkunde* von der Lokomotivfabrik Henschel & Sohn in Kassel herauskam. Dort ist ordentlich der bereits dreißig Jahre alte Aufsatz über »die Betriebsmittel der Hedschasbahn« erwähnt, den Paul Levy 1911 verfasst hatte. Andere Einträge darin verweisen auf einen französischen Ingenieur Lévy.
Bald darauf konnte der Reichsbahn-Amtmann Berthold Stumpf (geb. 1904, Todesjahr unbekannt) eine Rezension davon schreiben, die im Doppelheft 38/39 der Zeitschrift »Die Reichsbahn« vom 17./24. September 1941 erschien. Stumpf war damals auf dem Arbeitsanteil 604 des Reichsverkehrsministeriums mit den Aufgaben »Pressedienst, Verkehrsgeschichte, Zensur« beschäftigt. Seine Buchbesprechung enthält kleinliche Verbesserungen von Ewalds fundamentaler Arbeit sowie den Passus: »Auch ist das Buchschrifttum nicht vollständig erfaßt. […] Ferner muß beanstandet werden, daß in einem 1941 erscheinenden Werk noch zahlreiche Aufsätze jüdischer Autoren zitiert werden.«[60] Er bezog sich damit indirekt auf die Arbeit Paul Levys über die Betriebsmittel der Hedschasbahn, auf Texte von Ernst Spiro über Kräne in Trier und Werkstätten der Reichsbahn in Altona oder auf die Beiträge von

Leopold Sußmann zur Ölfeuerung auf preußischen Lokomotiven, die der Kollege Kurt Ewald dreißig Jahre später noch getreulich angeführt hatte.[61]
Seit März 1940 waren auch im Berliner Telefonbuch die Zwangsvornamen »Israel« und »Sara« eingeführt, doch bereits zum 31. August 1940 verloren die Juden auf Anweisung des Reichspostministers ihre Anschlüsse.[62] In dem letzten Telefonbuch für die Reichshauptstadt Berlin, das im Juni 1941 nach dem Stand vom 1. Februar 1941 herauskam, war Paul Levy unter den dort genannten zwölf Menschen seines Nachnamens nicht mehr verzeichnet.[63]
Seit September 1941 mussten auch Paul und Charlotte Levy den »Judenstern« tragen. Im Oktober 1941, wenige Tage vor dem Verbot der Auswanderung für Juden und mit dem Beginn der Massendeportationen aus dem Deutschen Reich, sprach Paul Levy zum letzten Mal bei der Gesandtschaft von Ecuador in Berlin W 15, Fasanenstraße 22, wegen eines Visums für die Emigration vor. Sein Besuch blieb erfolglos.
Manche Briefe an die Tochter Susanna Stumpf in Chile sind erhalten und zeigen zuletzt seine Handschrift in »altdeutsch Sütterlin«, deren Lektüre heute Schwierigkeiten bereitet. Die Maschine hatte er im Juni 1942 verloren, als Juden im Deutschen Reich sämtliche elektrischen und optischen Geräte sowie ihre Schreibmaschinen und Fahrräder abliefern mussten.[64]

Der Bruder Rudolf Levy als Kunstmaler

Bisher wurde der ältere Bruder Paul Levys hier kaum erwähnt, dabei mag er früher wie heute viel bekannter – gewesen – sein. Ihre Leben in den ersten vier Jahrzehnten des 20. Jahrhunderts verliefen recht unterschiedlich, doch haben sie den Kontakt miteinander stets gehalten. Der Bahnbeamte Paul Levy hat dem Künstler Rudolf Levy noch bis 1941 immer wieder Geld geschickt.[65]

Der Bruder Rudolf Levy, geboren am 15. Juli 1875 in Stettin, war ein deutscher Maler, der vorwiegend im Stil des Expressionismus gearbeitet hat. Weil seine jüdischen Eltern dem Wunsch des Knaben, ein Künstler zu werden, nicht nachgaben, musste er zunächst eine Lehre als Kunstschreiner beginnen. Doch 1897 ging der junge Mann schließlich nach München, um Kunstmaler zu werden. Seit 1903 lebte Rudolf Levy in Paris und begann 1907 ein Studium im Umfeld von Henri Matisse (1869–1954). Auch am gesellschaftlichen und künstlerischen Leben der Stadt nahm er teil.[66] Damit erfüllte er sich einen Traum, der seine Schwägerin Ida ebenso beseelte. Während vieler Reisen, zum Beispiel nach Tunis in Nordafrika, entwickelte sich sein immer abstrakter werdender Stil. Am Ersten Weltkrieg nahm Rudolf Levy als Kriegsfreiwilliger beim preußischen Militär teil und sammelte weitreichende Erfahrungen

Der Bruder und Kunstmaler Rudolf Levy, in München 1922 aufgenommen von seiner Frau Genia
Foto: Sammlung Familie Stumpf

als Kraftfahrer. Wie seinen Bruder Paul hat man ihn mit dem Eisernen Kreuz ausgezeichnet. Im Dezember 1919 heiratete er in München überraschend die deutlich jüngere Eugenie Schindler (1895–1953). Der Großteil seiner Familie blieb der Hochzeit fern, weil »Geni« nicht jüdischer Herkunft war und viele die Verbindung nicht verstanden.[67]

Mit einem Gemälde nahm Rudolf Levy 1921 an einer Ausstellung der Berliner Sezession teil. Der Düsseldorfer Kunsthändler Alfred Flechtheim etablierte ihn anschließend am Markt. Am 9. November 1923 sah er in München den Hitlerputsch. Zu Zeiten der Weimarer Republik erkannte die Kunstwelt seine Werke allmählich an. Doch nachdem er bereits am 1. April 1933 das Reich verlassen hatte, wurden viele seiner Bilder beschlagnahmt oder vernichtet. Schon um das Jahr 1935 ließ sich das Paar wieder scheiden; vielleicht, weil Rudolf Levy seine Frau nicht der Verfolgung aussetzen wollte. Später lebte er in Italien mit einem Mann zusammen. Als Kunstfotografin arbeitete Genia Levy-Koppold weiter in Berlin-Charlottenburg.[68]
So ging Rudolf Levy zunächst nach Nizza und Paris. Im ligurischen Rapallo begegnete er dem Maler Oskar Kokoschka. 1934 gelangte er nach Spanien und auf die Insel Mallorca, wo er den österreichischen Dichterfreund Franz Blei wieder traf. 1936 hielt er sich in New York auf, 1937 in Jugoslawien. Im April 1938 zog er auf die Insel Ischia in Italien, 1939 auf die Insel Procida bei Capri und weiter nach Neapel. Inzwischen entstand sein Alterswerk, das vorwiegend kleinere Stillleben umfasste. Die von ihm in Rom immer wieder beantragte Ausreise nach Nordamerika, Chile oder Ecuador gelang nicht, weil es dem Mann beständig an Geld mangelte.

Ab Dezember 1940 hielt Rudolf Levy sich in Florenz auf. Mit dem Bruder Paul in Berlin stand er noch in regem Briefkontakt. Seit dem 21. November 1942 wohnten Paul und Charlotte Levy aber unter so beengten Verhältnissen in der Nestorstraße 54 des Stadtteils Halensee, dass die vertrauten Zahlungen ausblieben. Dazu mehr im folgenden Kapitel. Von der neuen Adresse schrieb Paul Levy am folgenden Tag, dem 22. November 1942, nach Florenz: »Die Kunst, mit der Du alles überstehst, giebt mir die Gewißheit, daß Du einer von den wenigen sein wirst, der diese größte Katastrophe des Menschengeschlechts ohne viel gerupfte Federn überdauern wirst [sic] und ich kann Dich nur glücklich preisen und freue mich dessen, daß Du in einer so vorteilhaften Lage alles mit ansehen und anhören kannst.«[69]
Es sollte anders kommen. In einem letzten Brief vom 14. Februar 1943 an seinen Bruder Paul wollte Rudolf Levy berichten: »In Florenz bin ich jetzt über 2 Jahre und werde wohl noch einige Zeit bleiben müssen, bevor ich an Ortsveränderung denken kann. So habe ich mich denn ganz gut hier eingewöhnt und will nicht klagen, daß das zunehmende Alter allein schon Beschränkungen auferlegt und mit der Not des schwer lastenden Krieges obendrein der Rhythmus des Lebensabends sich anders gestaltet, als man ihn ehedem gewohnt war.«[70] Dieser Brief von Rudolf Levy

aus Florenz an den Bruder Paul Levy in Berlin-Halensee trägt einen italienischen Poststempel vom 15. Februar 1943 sowie den Aufkleber »Verificato per Censura«, war also »von der Zensur überprüft« und geöffnet worden. Am 28. Februar 1943 wurde das Kuvert mit dem Vermerk eines Berliner Briefträgers »Nestorstr. 54 unbekannt verzogen/Jude« nach Italien zurückgesandt. Ein nach den Regeln des Weltpost-

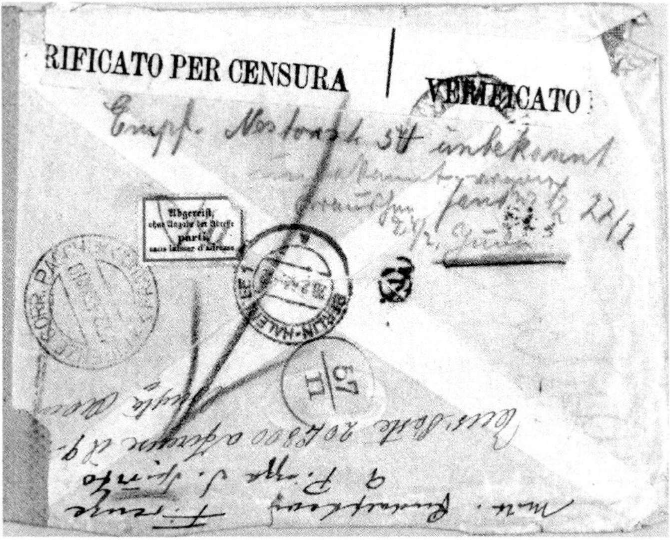

Der Brief von Rudolf Levy an seinen Bruder Paul in Berlin, von der Reichspost am 28. Februar 1943 nach Florenz zurückgeschickt
Bild: Archiv Eduard Bargheer-Haus, Hamburg

vereins gehaltenes Etikett mit dem Aufdruck »Abgereist ohne Angabe der Adresse/Parti sans laisser d'adresse« fehlte nicht. Am Vortag war Paul Levy in Auschwitz ermordet worden.[71]

Am 8. September 1943 marschierte die Deutsche Wehrmacht auch in Florenz ein, denn Italien wollte aus dem Krieg ausscheiden. So geriet Rudolf Levy im Spätherbst 1943 ebenfalls in die Hände der Gestapo. Am 12. Dezember 1943 wurde er von Agenten in Florenz verhaftet. Da war er bereits 68 Jahre alt. Er wurde in Mailand eingekerkert, um von dort am 30. Januar 1944 nach Auschwitz transportiert zu werden. Nach der Ankunft am 6. Februar 1944 wurde er ermordet. Teile seines Werks sind in Deutschland heute nur noch in wenigen öffentlichen Sammlungen zu finden.

Deportation und Tod in Auschwitz

Am 11. November 1876 geboren, wäre Paul Levy – normale Umstände vorausgesetzt – zum Ende des Monats November 1941 in den Ruhestand getreten. Das bedeutete längst nichts mehr; er war zu diesem Zeitpunkt schon seit sechs Jahren zwangspensioniert. Im Nachlass seiner Tochter Susanna sind verzweifelte Telegramme aus Berlin vom Oktober und November

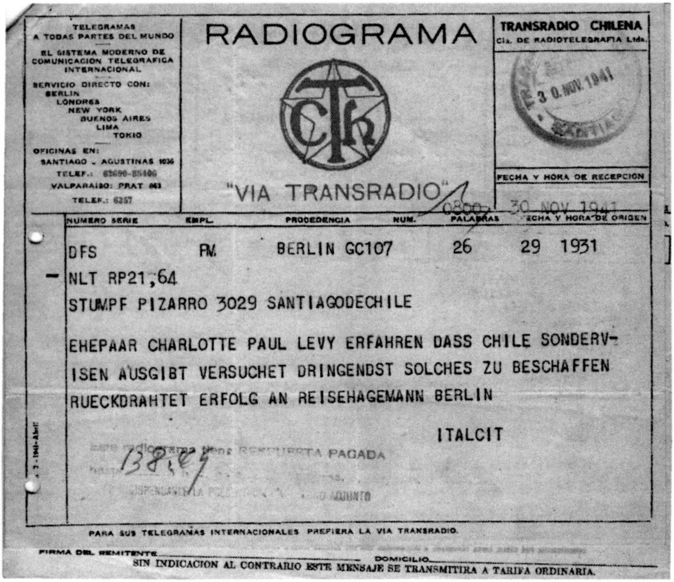

TELEGRAMAS A TODAS PARTES DEL MUNDO
EL SISTEMA MODERNO DE COMUNICACION TELEGRAFICA INTERNACIONAL
SERVICIO DIRECTO CON: BERLIN LONDRES NEW YORK BUENOS AIRES LIMA TOKIO
OFICINAS EN: SANTIAGO - AGUSTINAS 1036 TELEF.: [illegible] VALPARAISO: PRAT 863 TELEF.: 6357

RADIOGRAMA

"VIA TRANSRADIO"

TRANSRADIO CHILENA
Cia. DE RADIOTELEGRAFIA Ltda.

30 NOV. 1941

FECHA Y HORA DE RECEPCION
0800 30 NOV 1941

NUMERO SERIE	EMPL.	PROCEDENCIA	NUM.	PALABRAS	FECHA Y HORA DE ORIGEN
DFS	RM	BERLIN GC107		26	29 1931

NLT RP21,64
STUMPF PIZARRO 3029 SANTIAGODECHILE

EHEPAAR CHARLOTTE PAUL LEVY ERFAHREN DASS CHILE SONDERV-
ISEN AUSGIBT VERSUCHET DRINGENDST SOLCHES ZU BESCHAFFEN
RUECKDRAHTET ERFOLG AN REISEHAGEMANN BERLIN

ITALCIT

138,09

PARA SUS TELEGRAMAS INTERNACIONALES PREFIERA LA VIA TRANSRADIO.

FIRMA DEL REMITENTE DOMICILIO
SIN INDICACION AL CONTRARIO ESTE MENSAJE SE TRANSMITIRA A TARIFA ORDINARIA.

Telegramm Paul Levys vom 30. November 1941 über ein Reisebüro an die Tochter in Chile, um ein Sondervisum zu erlangen
Bild: Sammlung Familie Stumpf

1941 an sie mit der Bitte überliefert, sich in Santiago de Chile um ein Einreisevisum zu bemühen.
Am 18. Oktober 1941 hatte die Deportation der Berliner Juden begonnen. Nachdem der Druck auf jüdische Mieter in der Reichshauptstadt während des Krieges beständig angewachsen war, ging dem Ehepaar Levy

die Wohnung in der Zehlendorfer Albertinenstraße verloren. Geld fehlte auch. Seit dem 21. November 1942 verfügten sie im Berliner Stadtteil Wilmersdorf (Post Halensee), Nestorstraße 54, Vorderhaus, I. Etage, als Untermieter in einer Sechszimmerwohnung nur noch über zwei Räume. Die Adresse lag nicht weit vom westlichen Abschnitt des Kurfürstendamms entfernt, dessen Betreten für Juden auf seinem östlichen Teil mit dem »Judenbann« verboten war.[72]

Im *Berliner Adreßbuch von 1941* ist als Hauseigentümerin noch die Rentnerin Johanna Mendelssohn eingetragen, die in der Schlüterstraße 54 wohnte. Sie war am 15. Februar 1854 geboren und am 26. Oktober 1939 verstorben, sodann auf dem Jüdischen Friedhof in Weißensee beigesetzt worden. So blieb in den folgenden Ausgaben des *Adreßbuchs* von 1942 und 1943 der »Eigentümer ungenannt«. Das Bauwerk enthielt vorübergehend mehrere »Judenwohnungen«, denn 1941 lebte dort noch der Ingenieur und Verleger Georg »Israel« Rothgießer (1858–1943), dem 2013 ebenfalls ein Porträt in der Ausstellung »Orenstein & Loewe« des Deutschen Technikmuseums gewidmet war. Rothgießer wurde am 5. August 1942 nach Theresienstadt deportiert, wo er am 18. April 1943 verstarb.[73]

Regelrechte »Judenhäuser« wie in Hannover und anderswo bestanden in Berlin kaum; stattdessen gab es seit Herbst 1941 zahlreiche »Judenwohnungen« durch die Einweisung von Verwandten der jüdischen Mieter oder auch von fremden Juden bei ihnen. In der Ausgabe des *Berliner Adreßbuchs von 1941* waren – im Jargon der Zeit – für die Nestorstraße 54 noch ein halbes Dutzend »Arier« als Mieter angegeben, darunter der Ministerialrat im Reichsfinanzministerium Otto König, der Staatsanwalt a. D. Paul Loch, der Ministerialrat Kurt Lenzner und der Stadtbaurat a. D. Curt Weidlich. Neben diesen waren noch mit den jeweiligen Zwangsvornamen »Israel« oder »Sara« eingetragen: der Vertreter Heinrich Belgard (geb. 31. Dezember 1879, deportiert nach Auschwitz am 19. April 1943), der Fabrikant Rudolph Gerson (geb. 19. Dezember 1867, gest. 30. November 1939 in Berlin, begraben in Weißensee), der »jüdische Zahnbehandler« Fritz Hirschberg (geb. 6. Juni 1916, deportiert nach Auschwitz am 16. Juli 1943), die Witwe Fanni Piorkowski (geb. 25. Juni 1873, deportiert nach Theresienstadt am 5. August 1942 und am 16. September 1942 in Treblinka ermordet) sowie die Opernsängerin Elly Rothschild (geb. 12. Februar 1912, deportiert nach Auschwitz am 2. März 1943), teilweise mit Telefonanschlüssen.

Im folgenden Jahr 1942 waren diese Namen im *Adreßbuch* ausnahmslos nicht mehr zu finden. Paul Levy stand dort nicht, weil sein Aufenthalt dafür zu kurz war. Die Verwaltung des Hauses oblag dauerhaft Elsbeth Palm aus Schöneberg, Reppichstraße 5. Diese

Straße war nach einem 1932 getöteten SA-Mann benannt und heißt heute Dominicusstraße.[74]
Das an der Nestorstraße 54 einst vorhandene Bauwerk ist nach Kriegsschäden durch einen Neubau ersetzt worden. Als Beruf vor seiner Deportation im Februar 1943 hat Paul Levy wohl resigniert das Wort »Maschinenarbeiter« eingetragen, doch eine »letzte Beschäftigung« nicht angegeben. So steht es von eigener Hand in einer seitens der Staatsbehörden verlangten »Vermögenserklärung« für das Ehepaar Levy. Ob er als Jude im Alter von 66 Jahren noch Zwangsarbeit leisten musste, ist nicht überliefert.
Die Deportation der Berliner Juden in den »Osten« hatte bereits am 18. Oktober 1941 eingesetzt. Die Ziele der Züge lagen zunächst in den Ghettos Litzmannstadt, Riga, Minsk, im Distrikt Lublin und in Warschau. Seit dem 2. Juni 1942 wurden ältere Menschen nach Theresienstadt verschleppt. Der erste Transport aus Berlin nach Auschwitz war am 29. November 1942 erfolgt. Bekanntlich wurden viele tausend jüdische Zwangsarbeiter, die zuvor im »kriegswichtigen Arbeitseinsatz« standen, nach dem 27. Februar 1943 im Verlauf der »Fabrik-Aktion« deportiert.
Entgegen einer verbreiteten Annahme hat die Geheime Staatspolizei aber spätestens seit dem Jahresanfang 1943 zahlreiche jüdische Arbeiter aus der Stadt verschleppt, wenn polnische oder russische

Zwangsarbeiter an ihre Stelle traten. So gelangten Paul und Charlotte Levy um die Mitte des Monats Februar 1943 von ihrer Wohnung in der Nestorstraße 54 zum Sammellager in Berlin N 4, Große Hamburger Straße 26. Ob sie in die Stadtmitte mit unmittelbarer Gewalt gebracht wurden, ist offen. Sie mussten in dem ehemaligen Jüdischen Altersheim eine körperliche Durchsuchung sowie die üblichen Schritte der Zerstörung ihrer bürgerlichen Identität über sich ergehen lassen, sodann auf Weiteres warten.[75]

Am 17. Februar 1943 füllte Paul Levy im Sammellager die zahllosen Rubriken seiner schon genannten Vermögenserklärung aus, vorwiegend mit »nein« oder mit »nichts«. Dort stellte ihm ein Obergerichtsvollzieher am 24. Februar 1943 die Verfügungen der Staatspolizeileitstelle Berlin nach dem »Gesetz über die Einziehung volks- und staatsfeindlichen Vermögens« für die Eheleute Levy zu. Die Deportation wurde damit zum Raub. Sein Konto beim Postscheckamt Berlin NW, im Haben lautend auf 1.948,61 Reichsmark, wurde zugunsten des Reiches eingezogen. Sein Guthaben bei der Dresdner Bank am Kurfürstendamm, Ecke Olivaer Platz, wurde der »Jüdischen Kultusvereinigung zu Berlin e. V.« mit 223,25 Reichsmark für »Transportkosten« überwiesen. Die Anteile an drei kleineren Ackergrundstücken in Danzig aus dem Erbe des 1920 verstorbenen Vaters

Julius Levy im Wert von ungefähr 1.600 Reichsmark hatte schon im Oktober 1939 ein »Beauftragter für die Förderung und Sicherstellung der jüdischen Auswanderung« beim »Reichstatthalter im Reichsgau Danzig-Westpreußen« kurzerhand beschlagnahmt.[76]
Sodann wurden die Eheleute Levy im Sammellager für den »30. Osttransport« aus dem Bezirk der Staatspolizeileitstelle Berlin unter den Listennummern »30/345« und »30/346« eingeteilt. Dieser bildete einen Teil von deren »44. Welle« zur Deportation der

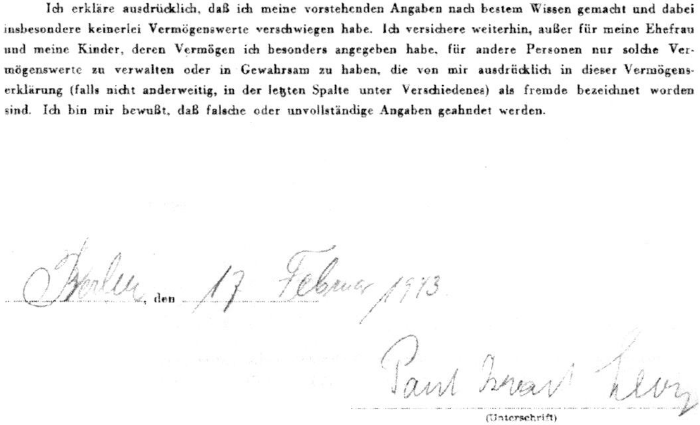

Ich erkläre ausdrücklich, daß ich meine vorstehenden Angaben nach bestem Wissen gemacht und dabei insbesondere keinerlei Vermögenswerte verschwiegen habe. Ich versichere weiterhin, außer für meine Ehefrau und meine Kinder, deren Vermögen ich besonders angegeben habe, für andere Personen nur solche Vermögenswerte zu verwalten oder in Gewahrsam zu haben, die von mir ausdrücklich in dieser Vermögenserklärung (falls nicht anderweitig, in der letzten Spalte unter Verschiedenes) als fremde bezeichnet worden sind. Ich bin mir bewußt, daß falsche oder unvollständige Angaben geahndet werden.

Berlin, den 17 Februar 1943

Paul Israel Levy
(Unterschrift)

Unterschrift Paul Levys auf dem Formular seiner „Vermögenserklärung" vom 17. Februar 1943
Bild: Brandenburgisches Landeshauptarchiv

dort wohnenden Juden. Was ihre Kennzahlen »44/26 147« und »44/26 148« bedeuteten, muss noch entschlüsselt werden.

Obwohl Paul Levy bereits im Rentenalter stand, wurden er und seine Frau willkürlich nicht zunächst in das »Altersghetto Theresienstadt« nach Böhmen geschickt, sondern ohne Umschweife in das Vernichtungslager Auschwitz verschleppt. Dieser Transport am Freitag, dem 26. Februar 1943, zählte als letzter zu einer »Zwischenphase« der Deportationen aus der Reichshauptstadt. Diese endete unmittelbar vor dem Beginn der »Fabrik-Aktion« des folgenden Tages, mit der seit dem 27. Februar 1943 mehrere tausend zuvor im »kriegswichtigen Arbeitseinsatz« ausgebeutete Juden festgenommen und mit ihren Familien ab Anfang März 1943 nach Auschwitz deportiert wurden.[77]

Die Eheleute Paul und Charlotte Levy wurden gemeinsam schon am 26. Februar 1943 mit ungefähr eintausend anderen Menschen – die Zahlenangaben für diesen Transport schwanken bis heute zwischen 913 und etwa 1095 Insassen – zum »Militärbahnsteig« am Güterbahnhof Moabit geführt. Jener Platz hatte für Deportationen aus Berlin schon längst den Bahnhof Grunewald abgelöst, wo seit Oktober 1941 die ersten Berliner »Judentransporte« abgegangen waren. Der Abgangsbahnhof Moabit wird manchmal mit den Wörtern »Putlitzstraße« oder »Quitzowstraße« bezeichnet, doch amtlich hat er immer den Namen »Berlin Moabit« getragen.[78] Solche Sonderzugfahrten von Berlin nach Auschwitz in Ost-Oberschlesien über eine Distanz von 570 Kilometern dauerten durchschnittlich 17 bis 18 Stunden. Die verwendete Zuggarnitur der Deutschen Reichsbahn bestand vermutlich aus 16 bis 20 alten Personenwagen 3. Klasse mit Lattensitzen, doch weiß das für den 26. Februar 1943 niemand genau, da Dokumente fehlen.[79]

Die Deportierten aus diesem Berliner Transport mussten am folgenden Tag in Auschwitz den Zug am Rand des Verschiebebahnhofs an der hölzernen »alten Judenrampe« verlassen. Nach der berüchtigten »Selektion« wurden nur noch 156 Männer und 106 Frauen als »arbeitsfähig« in das Lager eingewiesen. Die übrigen – etwa 680 bis 850 – Menschen aus dem Transport wurden von uniformierten Bewachern zu den Gaskammern von Birkenau geführt. Noch am 27. Februar 1943 hat man sie dort ermordet. Darunter befanden sich auch Paul und Charlotte Levy.[80]

Das wesentlich erweiterte Gedenkbuch *Opfer der Verfolgung der Juden unter der nationalsozialistischen Gewaltherrschaft in Deutschland 1933–1945* des Bundesarchivs führt in seiner Ausgabe von 2006 noch sechs weitere Männer aus dem Deutschen Reich mit dem Namen »Paul Levy« auf, die im Holocaust ihre Leben verloren haben. Auch zwei andere Frauen namens »Charlotte Levy« aus Berlin wurden 1943 in Auschwitz ermordet, eine dritte Frau gleichen Namens verstarb in Theresienstadt.[81]

Paul Levy hatte die Miete in Höhe von 65 Reichsmark für die beiden Räume in der Berliner Nestorstraße 54 im Voraus bis zum Ende des Monats Februar 1943 gezahlt. Kryptisch hieß es zu der Wohnung in seiner Vermögenseinziehungsakte bald darauf: »Schätzung vom 15. April 1943 erfolglos, somit keine Räumung«. Für den Inhalt der Wohnung hat der Gerichtsvollzieher Kurt Brückenstein aus der Kniprodestraße 8 freihändig einen Wert von 285 Reichsmark ermittelt. Ein schöner Wohnzimmer-Eichenschrank schlug mit 150 Reichsmark zu Buche. Abzüglich 10 Prozent Rabatt zahlte ein Altwarenhändler dafür noch 256,50 Reichsmark; anschließend wurde die Wohnung neu vermietet. Das Geld fiel an die Staatskasse.

Zum Monatsende im Februar 1943 hatte die Reichsbahndirektion Berlin schon das nächste »Ruhegehalt« in Höhe von 418,07 Reichsmark für den Monat März 1943 im Voraus auf Paul Levys Postscheckkonto überwiesen. Als das Geld dort einging, war er bereits nicht mehr am Leben. In späterer Kenntnis dieses Sachverhalts verlangte die Reichsbahn daher im Januar 1944 von der Vermögensverwertungsstelle des Oberfinanzpräsidenten Berlin-Brandenburg, welche zuvor das gesamte Vermögen Paul Levys eingezogen hatte, eine

Rückzahlung des Betrags an die Bahnhofskasse in Berlin-Charlottenburg. Auch das geschah umgehend.[82]

Erinnerung an Paul und Charlotte Levy

Die Akte über die beiden Menschen wurde damit erst einmal geschlossen: Sie liegt heute im Brandenburgischen Landeshauptarchiv Potsdam. Schon im Jahr 1947 meldete sich aber der damals in Hamburg-Lokstedt wohnende Rechtsanwalt Gerhard Rieß mit Fragen zum Schicksal seines Cousins Paul Levy und der Ehefrau Charlotte bei der Berliner Generalsteuerdirektion in der Nürnberger Straße 53. Gerhard Rieß hatte selbst den Aufenthalt in Theresienstadt überlebt und schon dort ohne Ergebnis nach beiden gesucht. Aus der Sache wurde zunächst nichts, da sie mitten in einer Phase der Spaltung der Stadt auflief. Der Vermerk auf seine Nachfrage vom 9. September 1947 lautete: »Ohne Antwort zu den Akten.«
Im frühen Koblenzer Gedenkbuch des Bundesarchivs für die jüdischen Opfer der nationalsozialistischen Gewaltherrschaft von 1986 wurden Paul und Charlotte Levy erwähnt. Seit dem 26. August 1994 befindet sich in der israelischen Gedenkstätte Yad Vashem zu Jerusalem ein Gedenkblatt für Paul Levy, das seine

Die »Stolpersteine« für Paul und Charlotte Levy in Berlin-Zehlendorf, Albertinenstraße 31 – Foto: Michael Rohrmann

damals in Givatayim in Israel lebende Nichte Gabriele Bratmann – eine Tochter seiner Schwester Käthe mit Ernst Levy – angelegt hat.[83]
Das mehrfach genannte Buch von Roman Frister über *Ascher Levys Sehnsucht nach Deutschland*, das 1999 in deutscher Sprache erschien, lenkte den Blick erneut auf das Schicksal der Familie Paul Levys. Seit dem Frühjahr 2004 haben sich Menschen aus der einstigen Nachbarschaft in Blankenese um die Darstellung sei-

ner Rolle wenigstens innerhalb der Altonaer Gemeinde bemüht.[84] Im jüngsten *Gedenkbuch des Bundesarchivs* von 2006 sind Paul und Charlotte Levy nochmals verzeichnet. Anschließend erschienen noch einige kurze Würdigungen.[85]

Am 22. Oktober 2012 wurden zum Gedenken an Paul und Charlotte Levy in Zehlendorf vor dem Haus an der Albertinenstraße, wo sie zuletzt freiwillig gewohnt hatten, zwei »Stolpersteine« nach einer Idee des Kölner Künstlers Gunter Demnig verlegt. Dabei sprach der Berliner Rabbiner Walter Rothschild das Kaddisch. Sechs Nachkommen Paul Levys waren anwesend.

Vom 20. Februar 2013 bis zum 31. Dezember 2014 war im Deutschen Technikmuseum in Berlin als Teil der Sonderausstellung »Orenstein & Loewe. 20 deutsch-jüdische Ingenieure, Erfinder und Fotografen« eine kleine Präsentation über Paul Levy zu sehen.

Dazu erschien ein Kataloghefit mit dem Einzelbeitrag über den »Maschinenbauer bei der Hedschasbahn und der Reichsbahn«.[86] Die Deutsche Bahn Stiftung hat daraufhin weitere Forschungen und diese Veröffentlichung über ihn ermöglicht. Paul Levy bleibt damit unvergessen.

Erinnerung an Paul Levy in der Ausstellung »Orenstein & Loewe« des Deutschen Technikmuseums Berlin, 2013
Foto: Stiftung Deutsches Technikmuseum Berlin/
Clemens Kirchner

Anmerkungen

1 Roman Frister: Ascher Levys Sehnsucht nach Deutschland. Berlin 1999. Daneben sind Ausgaben in hebräischer Sprache im Dvir-Verlag in Tel Aviv (1980) sowie in englischer Sprache (»Impossible Love. The House of Levy«), in französischer (»La Maison de Levy«) und polnischer Sprache (»Milosc Niemozliwa Aschera Levyego teskonata do niemec«) erschienen.

2 Verein zur Erforschung der Geschichte der Juden in Blankenese e. V.: Viermal Leben – Jüdisches Schicksal in Blankenese. Ausstellung in Hamburg vom 12. April bis 18. Mai 2004.

3 Hans-Wolfgang Scharf: Eisenbahnen zwischen Oder und Weichsel. Die Reichsbahn im Osten bis 1945. Freiburg 1981, S. 284–299.

4 Mihály Kubinszky: Bahnhöfe Europas. Für Eisenbahnfreunde, Architekten und kulturgeschichtlich Interessierte. Stuttgart 1969, S. 133.

5 Frister, Ascher Levys Sehnsucht, S. 14–17.

6 Freie Universität Berlin (Hg.): Gedenkbuch Berlins der jüdischen Opfer des Nationalsozialismus. Berlin 1995, S. 737–748.

7 Deutsche Reichsbahn (Hg.): Die deutschen Eisenbahnen in ihrer Entwicklung 1835–1935. Berlin 1935.

8 Frister, Ascher Levys Sehnsucht, S. 46; Ralf Roth: Der Sturz des Eisenbahnkönigs Bethel Henry Strousberg. Ein jüdischer Wirtschaftsbürger in den Turbulenzen der Reichsgründung. In: Jahrbuch für Antisemitismusforschung 10 (2001), S. 86–112.

9 Gesellschaft der Freunde der Technischen Hochschule Danzig (Hg.): Beiträge und Dokumente zur Geschichte der Technischen Hochschule Danzig 1904–1945. Hannover 1979, S. 11–27 und S. 51–59.

10 Alfred Gottwaldt: Dorpmüllers Reichsbahn. Die Ära des Reichsverkehrsministers Julius Dorpmüller 1920–1945. Freiburg 2009, S. 13–30.

11 Herbert Pönicke: Meißner, Heinrich August. In: Neue Deutsche Biographie 16 (1990), S. 699.

12 Peter Dieckmann: [Nachruf auf] Dr. h. c. Meißner-Pascha, der Erbauer der Hedjasbahn. In: Zeitung des Vereines mitteleuropäischer Eisenbahnverwaltungen 80 (1940), S. 63.

13 Herbert Pönicke: Die Hedschas- und Bagdadbahn, erbaut von Heinrich August Meissner-Pascha. Düsseldorf 1956; Dieter Noll (Hg.) mit Benno Bickel und Ahmad von Denffer (Bearb.): Die Hedschas-Bahn. Eine deutsche Eisenbahn in der Wüste. Karlsruhe 1995.

14 Deutsches Historisches Museum (Hg.): Karl May. Imaginäre Reisen. Begleitband zur Ausstellung. Berlin 2007, S. 38.

15 Victor Frhr. von Röll (Hg.): Enzyklopädie des Eisenbahnwesens, Band 6. 2. Auflage Berlin und Wien 1914, S. 130–131.

16 Paul Cotterell: Bahnt den Weg. Ein historisches Album der Eisenbahn in Israel. Berlin 2011, S. 20–55.

17 Paul Levy: Betriebsmittel der Hedjazbahn. In: Organ für die Fortschritte des Eisenbahnwesens 48 (1911), S. 82–86 und S. 99–101, dazu die Tafeln IX bis XI.

18 Ebenda, S. 82–83.

19 Ebenda, S. 84.

20 Hermann Keller: Sechsachsige kurvenbewegliche Güterzug-Verbundlokomotive der Hedschasbahn, gebaut von Henschel & Sohn in Cassel. In: Zeitschrift des Vereines deutscher Ingenieure 52 (1908), S. 1630.

21 Levy, Betriebsmittel der Hedjazbahn, S. 85–86.

22 Ebenda, S. 100.

23 Verzeichnis der höheren Beamten der Preußisch-Hessischen

Staatseisenbahnverwaltung mit Angaben über Rang und Dienstalter 7 (1907), S. 141; desgl. Band 8 (1908), S. 136.

24 Frister, Ascher Levys Sehnsucht, S. 189.

25 Ebenda, S. 191.

26 Ebenda, S. 224.

27 Siehe Dieckmann, Nachruf auf Meißner-Pascha, S. 63.

28 Verzeichnis der höheren Beamten der Preußisch-Hessischen Staatseisenbahnverwaltung mit Angaben über Rang und Dienstalter 10 (1910), S. 116.

29 Helmut Schroeter: Die Eisenbahnen der ehemaligen deutschen Schutzgebiete Afrikas und ihre Fahrzeuge. Frankfurt am Main 1961, S. 3–23.

30 Verzeichnis der höheren Beamten der Preußisch-Hessischen Staatseisenbahnverwaltung mit Angaben über Rang und Dienstalter 7 (1907), S. 144; desgl. Band 10 (1910), S. 117; desgl. Band 17 (1917), S. 126.

31 Verzeichnis der höheren Beamten der Preußisch-Hessischen Staatseisenbahnverwaltung mit Angaben über Rang und Dienstalter 11 (1911), S. 117 und S. 274.

32 Verzeichnis der höheren Beamten der Preußisch-Hessischen Staatseisenbahnverwaltung mit Angaben über Rang und Dienstalter 12 (1912), S. 119 und S. 225; desgl. 17 (1917), S. 125 und S. 189.

33 Deutsche Bundesbahn (Hg.): 100 Jahre Bundesbahn-Ausbesserungswerk Köln-Nippes 1862–1962. Essen 1962.

34 Adressbuch für Köln 1913, S. 317–318.

35 Frister, Ascher Levys Sehnsucht, S. 222–245.

36 Verzeichnis der oberen Reichsbahnbeamten 21 (1925), S. 53 und S. 149, desgl. Band 24 (1928), S. 63 und S. 166.

37 Alfred Gottwaldt: Ernst Spiro (1873–1950). Ein jüdischer Reichsbahndirektor (Jüdische Miniaturen, Band 150). Berlin 2014, S. 44.

38 Die Angaben zu Paul Levys Wohnungen in Altona, Blankenese und Elberfeld sind vor allem den Forschungen von Holger Vietzke in Hamburg zu verdanken.
39 Staatsarchiv Hamburg, Bestand 741-4 A 34/1 Nr. 4487 (Alphabetische Meldekartei von Groß-Altona, 1919 bis 31. Juli 1943).
40 Deutsche Reichsbahn-Gesellschaft (Hg.): 50 Jahre Eisenbahndirektion Altona. Altona 1934; Gert-E. Thalau: Eisenbahndirektion Altona/Hamburg 1884–1993. Berlin 2010, S. 81–84; Stadtteilarchiv Ottensen (Hg.): »Achtung! Zug fährt ab.« Eisenbahngeschichte in Altona und Ottensen. Arbeitsalltag – Nachbarschaft – Umbruch. Hamburg 2014.
41 Paul Levy: Fließarbeit und fließende Fertigung in Eisenbahn-Ausbesserungswerken. In: Verkehrstechnik 8 (1927), S. 55.
42 Ernst Spiro: Rationalisierung im Werkstättenwesen der Deutschen Reichsbahn (nach einem im Januar 1928 vor dem Hamburger Bezirksverein Deutscher Ingenieure gehaltenen Vortrag). In: Zeitschrift des Vereines Deutscher Ingenieure 72 (1928), S. 293–304.
43 Staatsarchiv Hamburg, Bestand Nr. 522-1 (Jüdische Gemeinde 992 b, verfilmte Kultussteuerkarten im Bestand 741-4, Fotoarchiv, Nr. A 17 D bis A 34 D.).
44 Institut für die Geschichte der deutschen Juden (Hg.) und Kirsten Heinson (Red.): Das Jüdische Hamburg. Ein historisches Nachschlagewerk. Göttingen 2006, S. 148.
45 Hans Baumann: Deutsches Verkehrsbuch. Berlin 1931, S. 211.
46 Verzeichnis der oberen Reichsbahnbeamten 27 (1931), S. 64 und S. 354.
47 Gottwaldt, Die Reichsbahn und die Juden, S. 127.
48 Adressbuch Wuppertal 1938, S. 339.
49 Gottwaldt, Die Reichsbahn und die Juden, S. 166.
50 Verzeichnis der oberen Reichsbahnbeamten 31 (1935), S. 64.

51 Zitiert nach: Frister, Ascher Levys Sehnsucht, S. 292–293; siehe Gottwaldt, Die Reichsbahn und die Juden, S. 192–203.
52 Anordnungen des Reichsbahn-Generaldirektors, betr. Reichsbürgergesetz. In: Die Reichsbahn 11 (1935), S. 1253–1254.
53 Personalnachrichten. In: Die Reichsbahn 12 (1936), S. 46.
54 Beate Meyer und Hermann Simon (Hg.): Juden in Berlin 1938–1945. Begleitband zur gleichnamigen Ausstellung in der Stiftung »Neue Synagoge Berlin – Centrum Judaicum«. Berlin 2000.
55 Gottwaldt, Dorpmüllers Reichsbahn, S. 223.
56 Reichsgesetzblatt 1938 Teil I, S. 1044.
57 Frister, Ascher Levys Sehnsucht, S. 332.
58 Berliner Adressbuch 1933, S. 1401; desgl. 1935, S. 1366; desgl. 1940, S. 1438; desgl. 1943, S. 2078.
59 Haus der Bayerischen Geschichte und Historischer Verein Rosenheim (Hg.): Erinnerungszeichen. Die Tagebücher der Elisabeth Block. Rosenheim 1993.
60 Buchbesprechungen. In: Die Reichsbahn 17 (1941), S. 368.
61 Kurt Ewald: 20 000 Schriftquellen zur Eisenbahnkunde. Kassel 1941, S. 754 (zu Paul Levy) und S. 767 (zu Ernst Spiro) sowie S. 768 (zu Leopold Sußmann).
62 Wolf Gruner: Judenverfolgung in Berlin 1933–1945. Eine Chronologie der Behördenmaßnahmen in der Reichshauptstadt. 2. Auflage Berlin 2009, S. 136.
63 Amtliches Fernsprechbuch für den Bezirk der Reichspostdirektion Berlin, Ausgabe 1941, S. 769.
64 Joseph Walk (Hg.): Das Sonderrecht für die Juden im NS-Staat. 2. Auflage Heidelberg 1996, S. 355 und S. 377.
65 Susanne Thesing: Rudolf Levy. Leben und Werk. Nürnberg 1990.
66 Keine Angaben zu Rudolf Levy bei Ingrid Pfeiffer und Max

Hollein: Esprit Montmartre. Katalog zur gleichnamigen Ausstellung in der Schirn. Frankfurt am Main 2014.

67 Frister, Ascher Levys Sehnsucht, S. 262.

68 Thesing, Rudolf Levy, S. 28.

69 Brief Paul Levy an Rudolf Levy, vom 22. November 1942. Archiv Eduard Bargheer-Haus Hamburg. Abdruck bei Thesing, Rudolf Levy, S. 40.

70 Brief Rudolf Levy an Paul Levy, vom 14. Februar 1943. Archiv Eduard Bargheer-Haus Hamburg. Abdruck bei Thesing, Rudolf Levy, S. 42.

71 Umschlag im Archiv Eduard Bargheer-Haus Hamburg. Abbildung auch bei Thesing, Rudolf Levy, S. 42, und bei Frister, Ascher Levys Sehnsucht, S. 343.

72 Reinhard Rürup: Jüdische Geschichte in Berlin. Bilder und Dokumente. Berlin 1995, S. 311; Gruner, Judenverfolgung in Berlin, S. 153.

73 Andreas Curtius: Georg Rothgießer. Als Ingenieur, Erfinder, Verleger, Chefredakteur ein wahres Universaltalent. In: [Zeitschrift] Deutsches Technikmuseum Berlin, Heft 1/2013, S. 32–33.

74 Berliner Adressbuch 1941, Teil 3, S. 1363; desgl. Band 1942, S. 1374; desgl. Band 1943, S. 1371.

75 Akim Jah: Die Deportation der Juden aus Berlin. Die nationalsozialistische Vernichtungspolitik und das Sammellager Große Hamburger Straße. Berlin 2013, S. 645–652.

76 Brandenburgisches Landeshauptarchiv, Vermögenserklärung Paul und Charlotte Levy, Signatur Rep. 36 A (Oberfinanzpräsident Berlin-Brandenburg), Nr. 22 425.

77 Wie Anmerkung 75.

78 Stiftung Topographie des Terrors und Andreas Nachama (Hg.)

mit Alfred Gottwaldt (Bearb.): Notizen. Gedenkort Güterbahnhof Moabit. Berlin 2015 (im Druck).

79 Alfred Gottwaldt und Diana Schulle: Die »Judendeportationen« aus dem Deutschen Reich 1941–1945. Eine kommentierte Chronologie. Wiesbaden 2005, S. 405.

80 Danuta Czech: Kalendarium der Ereignisse im Konzentrationslager Auschwitz-Birkenau 1939–1945. Reinbek 1989, S. 424.

81 Gedenkbuch des Bundesarchivs, S. 2008; irrig Frister, Ascher Levys Sehnsucht, S. 294, mit Angaben zu Paul Levy als »deportiert 1941 Piaski« und »ermordet 1943 Majdanek«.

82 Brandenburgisches Landeshauptarchiv Potsdam, Rep. 36 A (Oberfinanzpräsident Berlin-Brandenburg), Nr. 22 425.

83 Gedenkblatt in Yad Vashem, Item Nr. 1 322 936. Hinweis von Uwe Neumärker, Berlin.

84 Wie Anmerkung 2.

85 Gottwaldt, Die Reichsbahn und die Juden, S. 117 und S. 174; Alfred Gottwaldt: Eisenbahner in der Fremde. Erinnerung an Paul Levy, die Hedschasbahn und die Reichsbahn. In: Eisenbahngeschichte 10 (2012), Nr. 54, S. 70; Alfred Gottwaldt: Zerstörte Lebensleistung. Erinnerung an den deutsch-jüdischen Eisenbahndirektor Paul Levy. In: MB-Yakinton, Heft Nr. 255 (2012), S. 12.

86 Alfred Gottwaldt: Paul Levy. Maschinenbauer bei der Hedschasbahn und der Reichsbahn. In: [Zeitschrift] Deutsches Technikmuseum Berlin, Heft 1/2013, S. 16–17.

Literatur

Cotterell, Paul: Bahnt den Weg. Ein historisches Album der Eisenbahn in Israel. Berlin 2011.

Ewald, Kurt: 20 000 Schriftquellen zur Eisenbahnkunde. Kassel 1941.

Frister, Roman: Ascher Levys Sehnsucht nach Deutschland. Berlin 1999.

Gottwaldt, Alfred: Die Reichsbahn und die Juden 1933–1939. Antisemitismus bei der Eisenbahn in der Vorkriegszeit. Wiesbaden 2011.

Gottwaldt, Alfred: Eisenbahner in der Fremde. Erinnerung an Paul Levy, die Hedschasbahn und die Reichsbahn. In: Eisenbahngeschichte 10 (2012), Nr. 54, S. 70–72.

Gottwaldt, Alfred: Zerstörte Lebensleistung. Erinnerung an den deutsch-jüdischen Eisenbahndirektor Paul Levy. In: MB-Yakinton, Heft Nr. 255 (2012), S. 12.

Gottwaldt, Alfred: Paul Levy. Maschinenbauer bei der Hedschasbahn und der Reichsbahn. In: [Zeitschrift] Deutsches Technikmuseum Berlin, Heft 1/2013, S. 16–17.

Gottwaldt, Alfred: Ernst Spiro (1873–1950). Ein jüdischer Reichsbahndirektor (Jüdische Miniaturen, Band 150). Berlin 2014.

Keller, Hermann: Sechsachsige kurvenbewegliche Güterzug-Verbundlokomotive der Hedschasbahn, gebaut von Henschel & Sohn in Cassel. In: Zeitschrift des Vereines deutscher Ingenieure 52 (1908), S. 1630.

Levy, Paul: Betriebsmittel der Hedjazbahn. In: Organ für die Fortschritte des Eisenbahnwesens 48 (1911), S. 82–86 und S. 99–101, dazu die Tafeln IX bis XI.

Levy, Paul: Fließarbeit und fließende Fertigung in Eisenbahn-Ausbesserungswerken. In: Verkehrstechnik 8 (1927), S. 55.

Noll, Dieter (Hg.), mit Benno Bickel und Ahmad von Denffer (Bearb.): Die Hedschas-Bahn. Eine deutsche Eisenbahn in der Wüste. Karlsruhe 1995.
Pönicke, Herbert: Die Hedschas- und Bagdadbahn, erbaut von Heinrich August Meißner-Pascha. Düsseldorf 1958.
Schroeter, Helmut: Die Eisenbahnen der ehemaligen deutschen Schutzgebiete Afrikas und ihre Fahrzeuge. Frankfurt am Main 1961.
Spiro, Ernst: Rationalisierung im Werkstättenwesen der Deutschen Reichsbahn (nach einem im Januar 1928 vor dem Hamburger Bezirksverein Deutscher Ingenieure gehaltenen Vortrag). In: Zeitschrift des Vereines Deutscher Ingenieure 72 (1928), S. 293.
Thalau, Gert-E.: Eisenbahndirektion Altona/Hamburg 1884–1993. Berlin 2010.
Thesing, Susanne: Rudolf Levy. Leben und Werk. Nürnberg 1990.

Archivalien

Hamburg, Staatsarchiv, Bestand 522-1 (Jüdische Gemeinde 992 b; verfilmte Kultussteuerkarten im Bestand 741-4, Fotoarchiv, Nr. A 17 D bis A 34 D).
Hamburg, Staatsarchiv, Bestand 741-4 A 34/1 Nr. 4487 (Alphabetische Meldekartei von Groß-Altona, 1919 bis 31. Juli 1943).
Potsdam, Brandenburgisches Landeshauptarchiv, Rep. 36 A, Nr. 22 425 (Vermögenseinziehung Paul und Charlotte Levy).

Über den Autor

Dr. Alfred Gottwaldt
geboren 1949 in Berlin. Studium der Rechts- und Staatswissenschaften sowie der Neueren Geschichte in Frankfurt am Main. Tätigkeit als Rechtsanwalt. Von 1983 bis 2014 als Leiter der Abteilung Schienenverkehr im Deutschen Technikmuseum Berlin tätig. Veröffentlichungen zur Verkehrsgeschichte mit den Schwerpunkten Reichsbahnzeit, Nationalsozialismus und Zweiter Weltkrieg. Jüngste Arbeit zum Thema: *Die Reichsbahn und die Juden 1933–1939. Antisemitismus bei der Eisenbahn in der Vorkriegszeit* (Wiesbaden 2011). In den »Jüdischen Miniaturen« ist von ihm erschienen: *Ernst Spiro. Ein jüdischer Reichsbahndirektor* (Band 150).